U0016258

300萬人都說讚的
肌群鍛鍊與**健康伸展**

1天5分鐘
身材管理

LIFE AID (Jeon Hayun, Lee Heongyu, Hwang Boin) / 著

陳品芳 / 譯

〈序〉

後疫情時代的健康管理
短而有力！1 天只要 5 分鐘就夠！

　　2020 年全球爆發新冠疫情以來，相信世人都更加深刻地了解到，健康比什麼都重要！而健康的具體指標，就是體力，體力又與生活的品質息息相關。然而，體力似乎又與運動脫不了關係，而且大多數的人普遍認為運動是很麻煩、很困難的事，所以我們團隊不斷地思考有什麼方法能達成最低限度的運動與伸展這個目標。

　　大多數的筋骨關節疾病都發生在肌肉沒有發揮正常功能，或是產生不必要的結塊時。改善肌肉問題的方法非常多，這裡我想介紹的是，最不可或缺的肌肉伸展與運動方式。

　　本書共分成 7 個 PART，介紹人體從頭到腳必要認識的肌肉群，並且以最容易懂的方式，讓男女老少都能輕鬆了解這些專業知識。同時也會用最簡單的說明，向大家介紹日常生活中經常出現的症狀與發生原因。

　　本書的目的只有一個，就是讓更多的讀者都能參考本書，靠自己就能改善各種因肌肉引起的問題，進而獲得健康。期待這本書能為各位的身材和健康管理帶來極大的幫助。

2020 年 8 月

全河尹（Jeon Hayun, Physical gallery 創始人 & LIFE AID 代表）

目錄 CONTENTS

PART 3　打造能完美處理工作的手臂、手肘、手腕

PART 4　強化呼吸道，鍛鍊背部 & 胸部

〔肌肉名稱＿索引〕（依筆畫順序排列）

〔 運動名稱＿索引 〕 (依筆畫順序排列)

PART 1

強化頸部，
改善頭部健康

認識 PART1 的基礎用語

· **頸部屈曲（flexion）**：脖子向前彎的動作。
· **頸部伸展（extension）**：脖子豎直向後仰的動作。
· **頸椎**：脊椎骨最上面位於脖子的 7 塊骨頭。
· **橫突起**：脊椎骨往兩側突出，與肌肉連結的突起。
· **肋骨**：保護胸部，左右兩側成對的骨頭。

Chapter 1

嚴重頭痛，
感覺眼珠都快要掉出來了

枕下肌
suboccipital

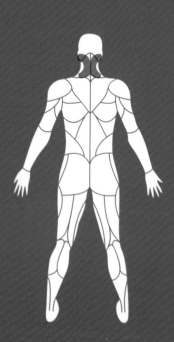

會有這些症狀！

- 肩頸附近總是緊繃、不舒服。
- 頭痛到像要爆炸了一樣，感覺彷彿有人用尖銳的東西在刮自己的頭那樣劇痛。
- 像偏頭痛般，頭部側邊很痛，痛到眼珠子就快要掉出來那樣。
- 頸部無法順利前後左右的轉動。

一起了解枕下肌（suboccipital）！

尋找枕下肌

　　枕下肌群是位在後頸附近上頸椎區的四對小肌肉。這四對肌肉分別是頭後大直肌、頭後小直肌、頭上斜肌、頭下斜肌。因為這四對肌肉位在後腦杓（occiput）的下方（sub），所以也稱為後頭下肌。枕下肌是連接頭蓋骨與頸椎的肌肉，承擔相當重要的任務。它跟後頭骨深入相連，主要的功能是穩定頭部與頸椎，並幫助順利完成左右轉頭、後仰等頭頸動作。

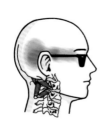

它也是引發頭痛的主因，由於與視神經連結，所以一不小心就可能演變成眼睛的問題。

枕下肌為何緊繃？

－脖子長時間維持轉向同一邊。

－長時間看電腦、智慧型手機，維持頸部前推的姿勢。

－肩膀向前內收，持續駝背姿勢，又稱圓肩（round shoulder）。

－過度向前低頭伸展。

－有托著下巴看電視或電腦的習慣。

－由於視力有問題，導致頭和脖子會一直向前傾。

與枕下肌有關的疼痛部位

枕下肌是頭痛、偏頭痛的主因。疼痛會集中在枕下肌所在的頭部後方，然後從頭部外側一路帶狀延伸至眼睛。對經常低頭使用智慧型手機的現代人來說，枕下肌緊繃是常見的現象。無論是頭痛、偏頭痛，還是肩頸痠痛、烏龜頸等，都是枕下肌所造成的問題。

疼痛部位

左下圖的紅色區塊便是疼痛部位。包括頭部側面、耳朵及眼睛都可能感到疼痛。上頸部附近會有持續的僵硬、疼痛感，頭部前側與整個頭蓋骨都會感覺刺痛。枕下肌若是僵硬、緊繃，就會形成烏龜頸。

有效放鬆枕下肌的方法

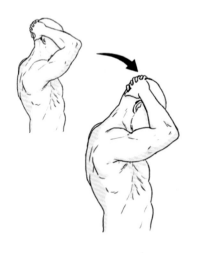

1. 雙手抱住後腦杓且十指交扣，稍微將下巴內收。

2. 維持下巴內收的狀態，並「微微」低頭。

3. 專注於保持後頸拉開的姿勢，維持 15 秒，重複做 3 組。

胸鎖乳突肌按摩

　　若睡姿不正、經常低頭工作的話，枕下肌就容易緊繃，這時會跟著緊繃的肌肉便是胸鎖乳突肌。所以在放鬆枕下肌時，建議也要一起放鬆胸鎖乳突肌。

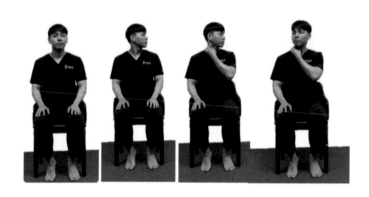

1. 擺出跟上圖一樣的坐姿，頭往左轉時，可以摸到右邊頸部有一條斜線突起的肌肉。用左手大拇指與食指抓住這條肌肉。
2. 保持這個姿勢，慢慢左右轉動脖子，這樣就能放鬆胸鎖乳突肌。
3. 每組動作 30 秒，共重複 3 組，接著再換成放鬆左邊。

胸肌放鬆

　　枕下肌緊繃的人，通常都有駝背、烏龜頸等問題。這時胸部肌肉的筋膜會非常緊繃，建議最好連胸肌一起放鬆。

1. 坐在椅子上，雙手在背後交握。
2. 慢慢收緊肩胛骨，把胸部往前推。
3. 感覺胸部肌肉漸漸拉開並維持 8 秒，再慢慢回到步驟 1 的姿勢。
4. 動作重複 6 次為 1 組，總共做 3 組。

胸小肌按摩

　　若同時有枕下肌緊繃、駝背與烏龜頸等症狀，那就表示胸小肌十分緊繃，這時最好也一起放鬆胸小肌。

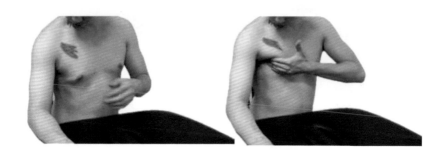

1. 右手放在桌子上，左手手指放到右手腋下。
2. 從腋下內側往對角線方向慢慢推，輕輕放鬆肌肉。
3. 從下到上完全放鬆，讓肌肉不要緊繃。
4. 每次動作 30 秒，共做 3 組，做完之後再放鬆另一邊。

Chapter 2

頸部僵硬，
還有偏頭痛

胸鎖乳突肌
sternocleidomastoid

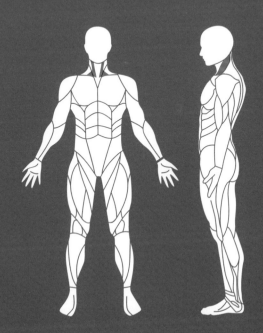

會有這些症狀！

- 脖子很難伸直。
- 方向感變差，有暈眩的症狀。
- 脖子疼痛之外，還伴隨有後腦杓、耳朵、下巴、臉頰、牙齒痛。
- 頸部僵硬，有偏頭痛。
- 視線模糊，儘管有光線，但仍感覺昏暗。
- 有顏面神經痛，額頭也會痛。

一起了解胸鎖乳突肌（sternocleidomastoid）！

尋找胸鎖乳突肌

　　胸鎖乳突肌是從耳朵後方往鎖骨方向斜向延伸的頸部肌肉。是從**胸**骨和**鎖**骨開始，黏在**乳突**上的**肌肉**，故稱為胸鎖乳突肌。頭往反方向轉的時候，從乳突（自外耳廓後方往下延伸的側頭骨突起）下方一直延伸到鎖骨的突出肌肉，就是胸鎖乳突肌。

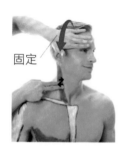

固定

　　胸鎖乳突肌的功能是幫助頭往左右其中一邊轉動，當耳朵碰到肩膀的時候，同一側的胸鎖乳突肌就會收縮，脖子向前彎時、下巴往前推時也都會動到這條肌肉。

胸鎖乳突肌為何緊繃？

－日常生活中經常擺出脖子往前傾的姿勢。

－經常低頭看手機。

－長時間維持頭往同一邊轉的姿勢（例如：聽課或看電腦時）。

－頭轉向某一邊並趴睡。

－枕頭太高。

－有用手托下巴的習慣。

與胸鎖乳突肌有關的疼痛部位

　　胸鎖乳突肌也跟枕下肌一樣和頭痛有關。如前所述，這是由從胸骨和從鎖骨開始的兩條肌肉組成，故疼痛的部位會像下圖一樣分散在許多位置。

　　從胸骨開始的胸鎖乳突肌若緊繃，疼痛主要會出現在後腦杓、頸部前側、下巴、鎖骨、眼睛等部位。圖中紅色區塊的胸骨上方、臉頰、頭頂、眼窩深處等，也都會連帶出現疼痛症狀。若是從鎖骨開始的肌肉緊繃，疼痛則會出現在跟緊繃肌肉同一側的後腦杓、耳朵、額頭等部位，甚至可能蔓延到另一側的額頭。

從胸骨開始的胸鎖乳突肌與疼痛部位　　從鎖骨開始的胸鎖乳突肌與疼痛部位

有效放鬆胸鎖乳突肌的方法

 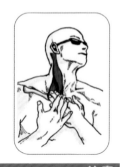

注意

脖子千萬不要向後仰！
（要往對角線方向「拉開」。）

1. 坐在椅子上，雙手按住有疼痛感的鎖骨並微微往下壓以固定鎖骨。

2. 鎖骨固定之後，讓脖子往鎖骨的對角線方向拉開（這時視線最好也一起看向天花板）。

3. 專注伸展頸部前側的肌肉，維持姿勢 15 秒，共重複 3 組。

4. 換一邊做同樣的動作。

上斜方肌伸展

　　胸鎖乳突肌與斜方肌在神經肌肉學上是相連的，建議兩塊肌肉最好一起放鬆。

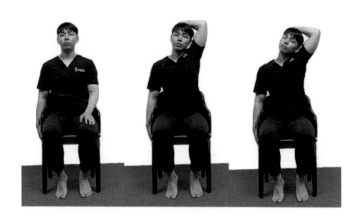

1. 坐在椅子上，一手抓住椅子固定肩胛骨。
2. 另一隻手從耳朵後方將後腦杓往上抬以拉長頸部（這時脖子應該微微往另一側轉）。
3. 維持 15 秒左右，然後再慢慢回到原來的位置。
4. 疼痛處做 3 組。

請搭配 17 頁「胸肌伸展」和 18 頁「胸小肌按摩」一起進行。

Chapter 3

頭好像轉不太動

頸夾肌
splenius cervicis

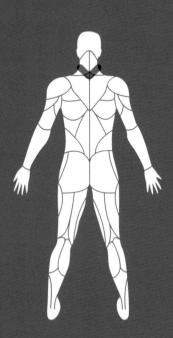

－頸部抽痛、沉重，有嚴重的偏頭痛。
－與肩膀相連的頸部感覺疼痛。
－頭無法往緊繃的那一邊轉。
－頭感覺刺痛，眼睛也會痛。
－眼睛痛到像眼珠子要掉出來般，視線非常模糊。

一起了解頸夾肌（splenius cervicis）！

尋找頸夾肌

　　頸夾肌就像下方的圖片一樣，是位於後頸附近的肌肉，是夾肌的一種。夾肌分為頭夾肌和頸夾肌，顧名思義，頭夾肌較靠近頭部，頸夾肌則較靠近頸部。夾肌也稱作夾板肌，所以頸夾肌也可叫作頸夾板肌，頭夾肌則可稱為頭夾板肌。

　　頸夾肌是起於頸部、終於頸部的肌肉。頭夾肌與頸夾肌兩條肌肉，主要的功能都是拉長、轉動脖子。尤其頸部的伸展，也就是在將頸部往後仰的動作中，頸夾肌扮演著非常重要的角色。

頸夾肌為何緊繃？

－在拱腰、駝背的狀態下，長期維持頸部往前推、聳肩的姿勢（bird-watching posture）。

－長時間聳肩開車、用不良姿勢工作等。

－在沙發上睡覺。

－過度伸展頸部。

－有因車禍產生的壓力。

－因為是一字頸，所以平時頭就會往前傾。

與頸夾肌有關的疼痛部位

　　頸夾肌是附著在頸椎（C1 ～ C3）橫突上的肌肉。斜方肌的下方是頭夾肌，接下來就是頸夾肌。頭夾肌與頸夾肌兩者都與頭痛有關，頸夾肌引起的頭痛特徵，就是會集中在眼睛，嚴重時後腦杓也會出現嚴重的疼痛感。可參考下圖中紅色的區塊，也可能在肩頸相連處感覺到有如針扎般的刺痛。

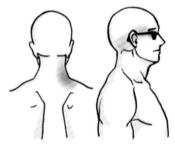

疼痛部位

有效放鬆頸夾肌的方法

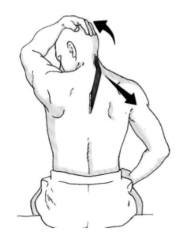

注意

腰和脖子都要打直！

1. 坐在地板上，右手扶著骨盆固定右邊的肩胛骨。

2. 左手扶著右側的後腦，並將頭往左邊對角線方向推。

3. 注意感覺頸夾肌伸展，動作維持 15 秒後放鬆，共重複 3 組。

請搭配 23 頁「上斜方肌伸展」、16 頁「胸鎖乳突肌按摩」一起進行。

Chapter **4**

手麻麻的，
手指很僵硬

斜角肌
scalene

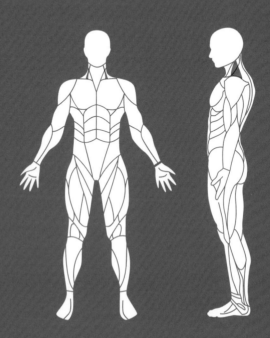

－背部與和手臂相連處疼痛。
－手臂正面、後面、前臂至手指麻麻的。
－肩膀疼痛，手掌浮腫。
－胸部前側感覺刺痛、痠痛。
－虎口無力，抓不太住東西，手指感覺很僵硬。

一起了解斜角肌（scalene）！

尋找斜角肌

　　斜角肌是附著在胸部上方頸部側面的肌肉，從頸骨延伸至肋骨側面，就在斜方肌的正上方。斜角肌分為前斜角肌、中斜角肌、後斜角肌等三個部分，負責讓頭部向前、向側邊彎的動作。也會幫助抬起肋骨、伸展胸部肌肉，以便呼吸更順暢。

　　斜角肌之間有許多神經和血管經過，故斜角肌要是緊繃、結塊，鎖骨之間的空間就會變小，妨礙經過鎖骨下方的神經與血管功能，所以才會有手麻、手腫等症狀出現。

斜角肌為何緊繃？

—以一字頸、烏龜頸的姿勢長時間看書、看手機。

—用電腦工作時螢幕的位置比視線低，導致必須長時間維持
　低頭的姿勢。

—長時間托著下巴看書或工作。

—使用胸式呼吸等錯誤的呼吸方式，使得斜角肌長時間過勞。

—肩膀與鎖骨的外傷導致。

與斜角肌有關的疼痛部位

　　斜角肌若出問題，便容易出現類似頸部骨刺的症狀，通
常稱為斜角肌症候群。症狀大多是肩膀、背部，尤其是與手
臂相連的部位出現疼痛，虎口的力量明顯變弱等。兩者差異
在於頸部骨刺的疼痛會從頸部一路延伸到手臂，但斜角肌症
候群的疼痛是呈放射狀。

　　如果是斜角肌症候群，則會如下圖所示出現胸部疼痛，
痛感會集中在大拇指附近。嚴重時手指會變得非常僵硬，感
覺就像得了關節炎。

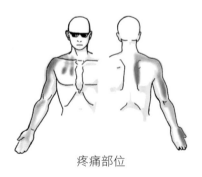

疼痛部位

有效放鬆斜角肌的方法

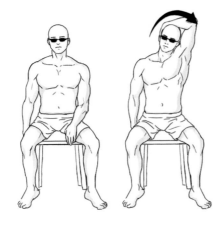

注意

不要聳肩！

1. 坐在椅子或地板上，左手扶著頭的右側往左邊推。

2. 盡量注意感覺斜角肌伸展，維持 15 秒，重複做 3 組。

3. 換手，換放鬆另一邊。

腹式呼吸

　　斜角肌緊繃的人大多都有使用胸式呼吸的傾向，建議最好改成腹式呼吸。因為胸式呼吸會給腹部施加不必要的壓力，使腹直肌緊繃。

1. 如圖所示躺在墊子上，雙腳膝蓋立起。
2. 雙手放在腹部上，用鼻子大大吸一口氣。
3. 若感覺胸部繼腹部之後充滿空氣，接著就用嘴巴慢慢將氣吐出。
4. 將空氣完全吐出，直到感覺腹部緊貼到地板，然後維持 1 秒左右，接著再用鼻子吸氣。
5. 重複 12 次，共做 3 組。

請搭配 17 頁「胸肌放鬆」、18 頁「胸小肌按摩」與 16 頁「胸鎖乳突肌按摩」一起進行。

memo

PART 2
打造寬大健壯的肩膀

認識 PART2 的基礎用語

・**肩膀屈曲**：手臂向前舉起的動作。

・**肩膀伸展**：與屈曲相反，手臂往後平舉的動作。

・**肩膀外轉**：手臂往兩側抬起的動作。

・**肩膀內轉**：與外轉相反，手臂往身體方向併攏的動作。

・**肩膀內迴轉**：手臂 90 度抬起的狀態下，手掌朝上旋轉的動作

・**肩膀外迴轉**：手臂 90 度抬起的狀態下，手掌朝下旋轉的動作。

Chapter 1

肩膀
後方的疼痛

大圓肌
teres major

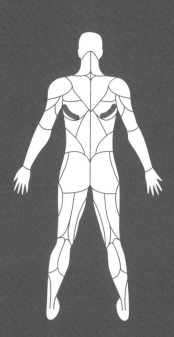

會有這些症狀！

- 肩膀後側疼痛。
- 手往後平舉時感覺到疼痛，肩膀會無力。
- 手肘彎曲向後轉時會有嚴重的疼痛。
- 雙手高舉成 Y 字形時會有點痛，感覺有點僵硬。
- 按壓肚臍做壓腹測試（belly press test）時，會感覺疼痛且肌力偏弱。

一起了解大圓肌（teres major）！

尋找大圓肌

　　大圓肌是位在肩胛骨與上臂骨之間的肌肉，從拉丁語的語源來看是 teres（圓）與 major（大）的複合字，可以跟小圓肌做對比。大圓肌位在背部靠近腋下的附近，以功能來說和闊背肌（參考 126 頁）是一對，是在寬大闊背肌旁協助闊背肌收縮與伸展的肌肉。肩膀收攏、打開（伸展）時、往內轉（內旋）時，大圓肌都扮演重要的角色。伏地挺身、滑輪下拉、坐姿划船、槓鈴俯身划船等運動，都需要大圓肌與闊背肌一起動作。

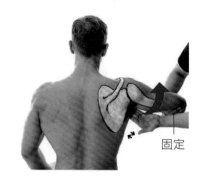

固定

大圓肌為何緊繃？

—經常做手臂彎曲、手肘向後旋轉的動作（肩膀的外旋轉）。

—公車或卡車等大型車的駕駛。

—轉動如拖拉機等無動力裝置機具阻力較大的把手。

—反複做網球開球、丟球等，要把手往上舉並往內旋轉的動作。

與大圓肌有關的疼痛部位

　　大圓肌是負責肩關節收攏、伸展、向內旋轉等動作的肌肉，所以伸出手臂往身體方向拉、轉動手臂等動作，都很容易使大圓肌緊繃。大圓肌緊繃會使肩膀後側疼痛，手臂前側出現往下延伸的疼痛感。除手肘以外的手臂後側也可能出現疼痛症狀，疼痛更可能延伸至前臂。從事網球、棒球、游泳等項目時，發生大圓肌緊繃的機率也比較高。

　　以下將介紹簡單放鬆大圓肌的動作，大圓肌緊繃時或預防緊繃時可派上用場。

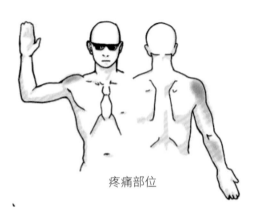

疼痛部位

有效放鬆大圓肌的方法

注意

有腰椎間盤突出問題時，如果發生疼痛，請立刻停止。

1. 雙手肩膀往後，如圖所示身體（大圓肌緊繃側）側面靠牆。
2. 用另一隻手扶住靠牆那隻手的手肘，並出力往不緊繃的那一側拉。
3. 專注感覺腋下上方伸展開來，動作維持 15 秒並重複 3 組。

鐘擺運動

　　這個運動能放鬆僵硬的肩膀，搭配大圓肌伸展一起做會更有效。

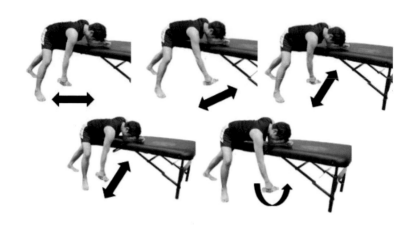

1. 左手放在桌子上，右手拿著水瓶等較輕的物體，擺出如照片所示的姿勢。
2. 稍微收緊肩胛骨避免肩膀整個放鬆，然後前後擺動水瓶（重複 5 次）。
3. 接著讓水瓶往內、外擺動（重複 5 次）。
4. 接著畫圈。前後、內外、畫圈這樣算 1 組。
5. 重複 3 組，1 組 8 次，然後換手再做一次。

旋轉肌活絡運動 A

　　包覆著肩膀的四條肌肉（棘上肌、棘下肌、肩胛下肌、小圓肌）稱為肩旋轉肌群，這個運動可以活動肩旋轉肌群，也能有效放鬆大圓肌。

1. 站在牆壁前面，如照片所示用手壓著毛巾貼住牆壁。
2. 用肩膀向前推，同時手掌重複往內、往外旋轉，注意不要讓毛巾掉落。
3. 會痛的那一隻手做 3 組，每一組重複 15 次。

Chapter 2

手臂往外轉會卡住

三角肌
deltoid

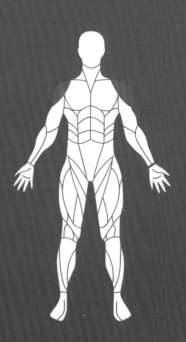

會有這些症狀！

- 手臂向前舉起、放下時，會感覺疼痛。
- 嚴重時，手會抬不起來。
- 手往旁舉起、放下時，上臂會感覺疼痛，有時候肩膀也會痛。
- 大拇指朝上且手臂往外轉時，會感覺嚴重的疼痛。

一起了解三角肌（deltoid）！

尋找三角肌

　　三角肌是包覆肩關節的三條肌肉，是前面、側面、後面三個方向形成的肌纖維群，呈現逆三角（delta）的形狀，故稱為三角肌（deltoid）。預防接種採用肌肉注射時，打針的位置就在三角肌。

　　三角肌可說是掌管肩膀和手臂的所有動作，前三角肌在

手向前舉時需要出較多力，也負責推手臂的動作。側三角肌則在手臂向兩側舉起時要出較多力，而與肩胛骨相連的後三角肌則在手臂往後展開時要出較多力。後三角肌與前三角肌相反，在拉手臂的動作時需要出力。簡單來說，三角肌就是負責上臂的旋

轉、彎曲與伸直等功能。

在做槓鈴上舉、啞鈴肩上推舉、肩前平舉、俯力側平舉等肌力運動時，三角肌都是相當重要的肌肉。

三角肌為何緊繃？

－肩膀有直接的外傷。

－勉強自己抬舉或扛起過重的物品。

－做類似滑雪、打網球等，手臂過度向後折的動作。

－在樓梯上失去重心跌下來時，用手撐住地板。

－整天都在用手機。

與三角肌相關的疼痛部位

三角肌與大多數的肩膀動作有關，尤其上臂展開時，三角肌也會出到力。三角肌緊繃時出現的疼痛部位，就是圖中的紅色區塊，疼痛會呈圓形出現在肩膀前後、側面，甚至可能延伸至上臂側面，嚴重時連舉手都會痛，也就是俗稱的五十肩。

三角肌的疼痛通常都會圍繞在三角肌周圍，特徵是晚上疼痛會加劇。

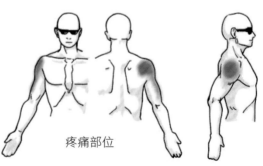

疼痛部位

有效放鬆三角肌的方法

（1）前三角肌

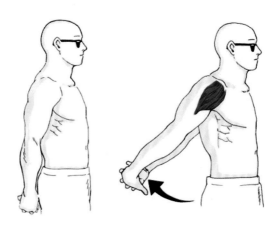

注意

上半身不要向前傾，肩膀也不要往前推！

1. 雙手背在後面十指交握。
2. 雙手手肘完全伸直並向後抬起，盡量將肩胛骨夾緊。
3. 專注感覺肩膀前側部位伸展，動作維持 15 秒，重複 3 組。

（2）側三角肌

注意

鎖骨部位要是覺得痛，就立刻停止動作！

1. 如圖所示，兩隻手的手肘都朝身體的方向收攏。
2. 用下面那隻手的手腕去推上面那隻手的手肘，將上面那隻手的手臂往身體方向推。
3. 專注感覺手臂外側部位（有上色的地方）伸展，動作維持15秒，重複3組。

肩胛面外展聳肩

　　這個運動可以改善肩膀肌肉的不平衡，並預防三角肌再次緊繃。

1. 雙腳站開與肩膀同寬，雙手向上舉起打開呈 120 度（這時雙手要往對角線方向伸出去，從背後看過去呈現一個 Y 字型）。
2. 雙手向前伸直並聳肩。
3. 維持 2 秒左右，再慢慢把肩膀放下。
4. 重複 3 組。

> 請搭配 40 頁「鐘擺運動」與 41 頁「旋轉肌活絡運動 A」一起進行。

Chapter 3

靜止不動時，
肩膀和手肘也會抽痛

棘上肌
supraspinatus

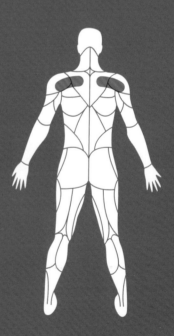

會有這些症狀！

－沒做什麼事，卻感覺肩膀或手肘疼痛。

－一到晚上就更痛了。

－活動肩膀時，會發出「啪啪」的聲音。

－手臂往前抬起（肩膀外轉）時，疼痛加劇。

－有外傷且上臂感覺變得遲鈍，肌力突然變差等。

一起了解棘上肌（supraspinatus）！

尋找棘上肌

棘上肌是位在背部肩胛骨與上腕骨之間的肌肉，「棘」是代表背骨（spina）上面（supra）的意思，是連接肩胛骨與手臂的重要肌肉，也是肩旋轉肌群之一。順帶一提，屬於肩旋轉肌群的四條肌肉包括棘上肌、棘下肌、小圓肌、肩胛下肌。其中棘上肌是肩膀的核心肌肉，承擔肩膀運動時最重要的工作。這也是為什麼若被診斷出肩旋轉肌群破損，通常很有可能是與棘上肌有關。

在手臂往旁邊抬起，也就是肩膀外轉時，棘上肌通常都是最先動作的肌肉。所以棘上肌如果受傷，手臂往旁邊抬起約 15 度左右時，會感到超級疼痛。

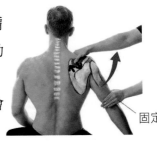

固定

棘上肌為何緊繃？

－用側腰夾住並搬運重物。

－拉著牽繩帶大型狗去散步。

－以不穩定的姿勢抬起重物。

－手臂伸直的狀態下拿起物品。

－手臂經常高舉過頭。

－從事棒球投球、游泳、網球等，肩膀肌肉需用力的運動。

－長時間背著沉重的背包。

與棘上肌有關的疼痛部位

　　手臂往身體兩側抬起，也就是肩膀外轉時，都會有棘上肌的參與。因此如果不太能自己抬起手臂，那首先就要懷疑可能是棘上肌緊繃造成的。這時疼痛會從肩膀的上半部開始，順著手臂外側一路延伸至手腕附近。抬起手臂或手掌向後轉的時候，都會感受到劇烈疼痛，肩關節也會有非常深入的痠痛感。

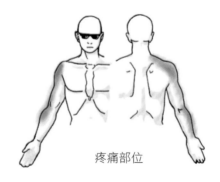

疼痛部位

有效放鬆棘上肌的方法

（1）使用道具協助

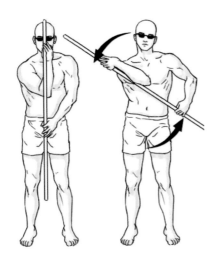

注意

不要聳肩！

1. 豎直拿起一根木棒或雨傘，如圖所示右手轉動手腕抓住上面，左手抓握下面。
2. 左手往左邊拉，以轉動棒子。
3. 專注感覺棘上肌伸展，維持 15 秒，重複 3 組。
4. 換邊再做一次。

（2）徒手放鬆

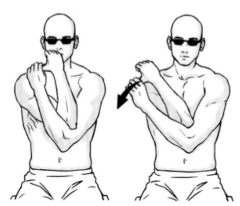

1. 兩手手肘收攏，如圖所示，右手手肘放在左手臂上。

2. 右手掌朝向臉部，然後左手抓住右手的大拇指往下拉。

3. 專注感覺棘上肌伸展，維持 15 秒，重複 3 組。

4. 換邊再做一次。

> 請搭配 40 頁「鐘擺運動」與 41 頁「旋轉肌活絡運動 A」一起進行。

Chapter **4**

得了五十肩，
怎麼治都治不好

肩胛下肌
subscapularis

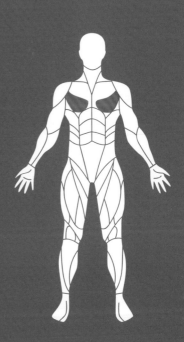

—不光是活動的時候，休息時肩膀也會痛。

—三角肌與上臂後側感覺疼痛且非常深入。

—手腕感覺到環繞式疼痛，手背也覺得痛。

—手臂往兩側抬起時，肩膀會劇烈疼痛。

—手臂可抬至與肩同高，卻無法向後伸展。

—在做臥推等胸部運動時，感覺肩膀前側產生了劇烈的疼痛。

—被診斷為五十肩。

一起了解肩胛下肌（subscapularis）

尋找肩胛下肌

如同前一章所說，肩胛下肌跟棘上肌同屬肩旋轉肌群，是指位在肩胛骨（scapula）下方（sub）的肌肉，如圖所示位置大約在腋下附近。從肩膀延伸到手肘這根長長的骨頭稱為上腕骨，肩胛下肌就是負責上腕骨內旋轉、輔助肩膀內外旋轉的功能。簡單來說，手臂往前後左右抬起、放下時，或肩膀前後轉動時，肩胛下肌都扮演非常重要的角色。

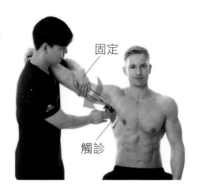

固定

觸診

肩胛下肌為何緊繃？

- 從事搬運重物等，讓肩膀持續不斷動作，勉強肩膀出力的活動。
- 長期以駝背圓肩的姿勢辦公。
- 從事像游泳的自由式、棒球投球動作等，讓肩膀過度內轉的運動。
- 以不良姿勢長時間坐在書桌前或看電視。

與肩胛下肌有關的疼痛部位

　　肩胛下肌要是出問題，疼痛會從肩胛骨下方的腋下處開始，一直延伸到肩膀上面與前臂，嚴重時還會出現環繞手腕的疼痛，手背也可能出現壓痛感。此外也會像五十肩一樣，手臂無法抬至與肩同高，手臂的動作受到嚴重限制等。

前　　後

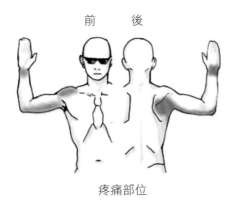

疼痛部位

有效放鬆肩胛下肌的方法

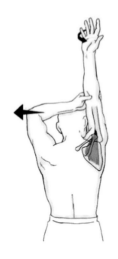

1. 要伸展的那隻手手掌向後轉，並將手伸直高舉過頭。
2. 另一隻手握住伸直手的手肘內側，小指往拇指方向轉動，並微微將手臂往身體方向拉。
3. 專注感覺腋下深處的肌肉伸展開來，動作維持 15 秒，重複 3 組。

請搭配 40 頁「鐘擺運動」與 41 頁「旋轉肌活絡運動 A」一起進行。

Chapter 5

肩頸僵硬，轉不太動

斜方肌
trapezius

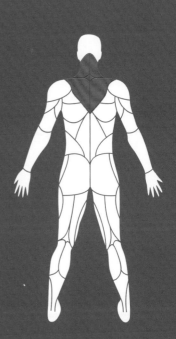

會有這些症狀！

- 頸部側面到肩膀經常緊繃。
- 肩頸僵硬且會出現嚴重疼痛。
- 兩隻手感覺麻麻的。
- 肩頸不太能轉動。
- 脖子看起來變短，頸部線條變得肥厚，感覺頸部的肉變多，穿衣服撐不起來。

一起了解斜方肌（trapezius）！

尋找斜方肌

　　斜方肌是橫跨後腦、頸部側面與背部的肌肉，因為形狀與修道**僧**侶的**帽**子相似，因此也稱為僧帽肌。斜方肌本身橫跨的區域很大，通常可分為上、中、下三個區塊。一般認為只有頸部側面的肌肉是斜方肌，但其實這一塊是上斜方肌，另外還有橫跨背部上方的中斜方肌，以及從背部中央往下延伸的下斜方肌。肩胛骨向後拉、上下移動、頸部轉動、伸展時，都有斜方肌的參與。用手去摸會發現斜方肌大多是緊繃的。

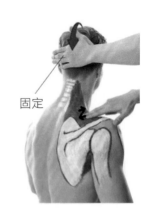

固定

　　長時間坐在椅子上用電腦的

人、頭經常往前傾的人，斜方肌都會緊繃突起，只用手摸也會喊痛。

斜方肌為何緊繃？

－持續從事對肩膀造成壓力的動作或姿勢。

－長時間維持不良姿勢。

－在沒有扶手的椅子上坐太久。

－坐在高度不相符的書桌前。

－背太重的背包。

－承受壓力。

－長時間用智慧型手機或電腦。

與斜方肌有關的疼痛部位

　　由於斜方肌分布的範圍非常廣，疼痛部位也大範圍分布在後腦杓、頸部側面、肩膀等處。對久坐的現代人來說，上斜方肌是一塊總是緊繃、糾結的肌肉。上斜方肌一旦緊繃，頸部就會變厚、變短，肩膀也會看起來比較窄，以外觀來說並不美觀。不過只要常做下一頁介紹的伸展與幾個簡單的動作，就能夠預防斜方肌緊繃，還能夠拉長頸部線條，讓你穿衣打扮變得更好看了。

疼痛部位

有效放鬆斜方肌的方法

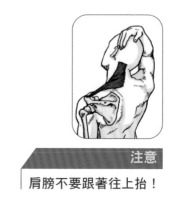

注意

肩膀不要跟著往上抬！

1. 坐在椅子上，右手抓住椅子固定身體，左手扶著右邊耳朵，
   扣住頭往對角線方向推。
2. 頭必須微微往右轉（若是扶著耳朵上方再推，頭就會自然
   轉動）。
3. 專注感覺斜方肌伸展，動作維持 15 秒，重複 3 組。
4. 換邊再做一次。

30 度外轉聳肩

　　手臂向外張開 30 度，上斜方肌的收縮方向就會剛好是一字形，這樣能有效地讓上斜方肌正常運動。

1. 雙腳站開與肩同寬，雙手往左右張開 30 度。
2. 保持這個姿勢聳肩並維持 3 秒。
3. 慢慢地放下肩膀。
4. 一組重複 12 次，共做 3 組。

> 上斜方肌緊繃會讓提肩胛肌代替斜方肌工作，所以上斜方肌緊繃時，可能增加提肩胛肌負擔。請搭配 66~67 頁介紹的提肩胛肌放鬆一起進行。

上肢神經根活絡運動

　　上肢神經根活絡運動，就是讓全身肌肉協調性恢復正常的運動。原理是利用身體肌肉會朝對角線方向收縮的現象。例如右腳張開時，左腳也會自然跟著動作的現象。

1. 雙腳踩住彈力帶（CLX），帶子綁在單手上並讓手臂面朝上。
2. 綁著彈力帶的那隻手往對角線方向抬起，手指和手肘盡量伸展開來。
3. 接下來，手掌朝上，手同樣往對角線方向抬起，這時手肘與手腕必須彎曲（照片最右）。
4. 重複 3 組，每組 12 次，接著換手依同樣順序再做一次。

Chapter 6

後頸緊繃，
頭感覺刺痛

提肩胛肌
levator sacpulae

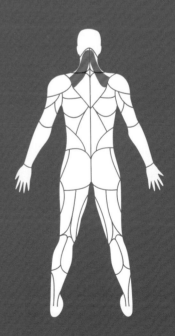

會有這些症狀！

- 脖子僵硬，嚴重的話還會無法動作。
- 頭想往側面轉，卻會因為疼痛而使全身跟著轉動。
- 經常會有伴隨頭痛的頸部疼痛。
- 背部與後頸產生劇烈疼痛，睡覺時該部位碰到地板會痛到夜不成眠。
- 脖子難以向前彎或往旁邊轉動。
- 疼痛感沿著肩胛骨與頸部上方發生，該部位經常有被拉扯的感覺。

一起了解提肩胛肌（levator sacpulae）！

尋找提肩胛肌

提肩胛肌是分布在頸骨與肩胛骨之間的長肌肉，是繼斜方肌之後肩頸部最容易緊繃的肌肉。作用是提起（levator）肩膀（scapular），所以稱之為提肩胛肌。從解剖學來看，抬起肩胛骨向下旋轉（downward rotation）時，主要運動的肌肉就是提肩胛肌，因此提肩胛肌經常與肩膀緊繃有關。提肩胛肌過度緊繃，會發生肩膀抽痛、肩膀不太能轉動等問題。

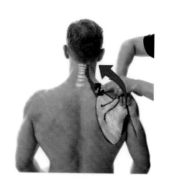

提肩胛肌為何緊繃？

- 因為天氣太冷而長時間縮著身體。
- 為了打字、講電話、看電視等行為，長時間維持脖子向前傾的動作。
- 用單邊肩膀背包包。
- 總是駝背圓肩。

與提肩胛肌有關的疼痛部位

　　如圖所示，提肩胛肌若出問題，疼痛會出現在後頸與肩胛骨等部位。這時會覺得頸部痠痛，並伴隨有頭痛問題，頸部側邊與顎關節也可能會感到疼痛，若更進一步，則頭部、耳朵附近也會痛。還可能導致睡醒時脖子不太能轉動，嚴重的話甚至引發失眠、呼吸困難等問題，所以預防提肩胛肌緊繃非常重要。只要常做接下來介紹的伸展動作，就能夠幫助解決並預防提肩胛肌緊繃。

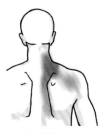

疼痛部位

有效放鬆提肩胛肌的方法

（1）單手拉伸

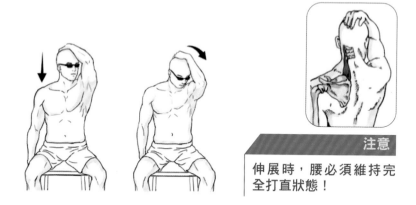

注意

伸展時，腰必須維持完全打直狀態！

1. 左手扶著右邊的後腦，往右邊膝蓋方向拉。

2. 專注感覺提肩胛肌伸展，動作維持 15 秒，共重複 3 組。

3. 換邊再做一次。

（2）雙手拉伸

注意

如果肩膀會痛，只要做
（1）單手拉伸就好。

1. 右手往後固定在肩胛骨的位置，左手扶著後腦杓往前推。

2. 盡量注意感覺提肩胛肌伸展，維持 15 秒，共重複 3 組。

3. 換邊再做一次。

請搭配 23 頁「上斜方肌伸展」、61 頁「30 度外轉聳肩」與 62 頁「上肢
神經根活絡運動」一起進行。

Chapter 7

手碰不到屁股後面的口袋

棘下肌
infraspinatus

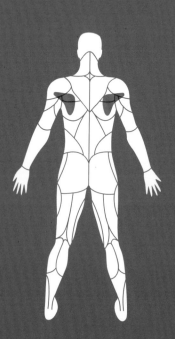

會有這些症狀！

－手臂往側邊舉起（肩膀外轉）時感覺痛。
－什麼也沒做卻覺得肩膀痠麻。
－近來感覺虎口突然變得無力。
－連梳頭也有困難，甚至無法刮鬍子、刷牙。
－拿湯匙時，感覺肩膀會痛。
－手碰不到褲子後面的口袋、碰不到內衣後面的扣子。
－無法側躺睡覺。

一起了解棘下肌（infraspinatus）！

尋找棘下肌

　　棘下肌和前面提過的棘上肌、肩胛下肌同屬於肩旋轉肌群。如圖所示，是從肩胛骨（spina）下方（infra）開始，覆蓋在肩胛骨上的一塊肌肉。主要負責肩膀外轉（手臂抬起 90度，手掌向外轉面朝上的動作）與伸展（手臂向後轉並向上抬起的動作）的動作，有穩定肩膀的功能。由於我們會習慣性地擺出肩膀內收的姿勢，故無法阻止棘下肌拉長，若長時間維持這個動作，可能導致肩頸痠痛。

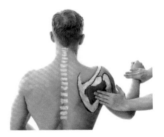

棘下肌為何緊繃？

－長時間縮著肩膀。

－硬是把手臂往後上方伸出去（例如：為了開燈而把手伸
　長）。

－為了保持身體平衡而抓住某樣東西（例如：從樓梯上摔下
　來時，抓住樓梯欄杆）。

－用手拉重物。

－手過度向前伸直。

與棘下肌有關的疼痛部位

　　棘下肌是引發包括肩關節夾擠症候群等眾多肩膀疾病的
主因。由於很少人在日常生活中會刻意將肩膀拉開，所以棘
下肌也是現代人身上經常緊繃、受傷的肌肉之一。棘下肌一
旦緊繃，肩膀前側便會開始感到疼痛，並逐漸從上臂外側延
伸到前臂、手指，後頸側面與肩胛骨也可能感到疼痛。若晚
上睡覺時壓迫到疼痛部位，還可能因此夜不成眠。棘下肌緊
繃的人，尤其無法做出雙手在腰部後方交握、伸直的動作。

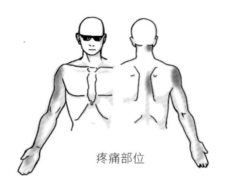

疼痛部位

有效放鬆棘下肌的方法

（1）坐姿放鬆

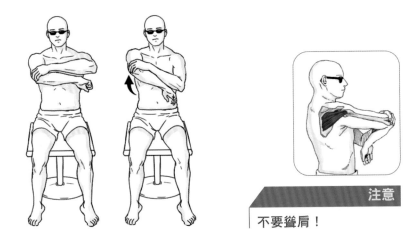

注意

不要聳肩！

1. 坐在椅子上，將要伸展的那隻手手掌向下，兩手肩膀抬至與心臟同高，擺出如左圖的姿勢。
2. 用另一隻手扶住伸展手的手肘下方，將手肘往上拉。
3. 專注感覺腋下後側的肌肉伸展，維持 15 秒，重複做 3 組。

（2）站姿放鬆

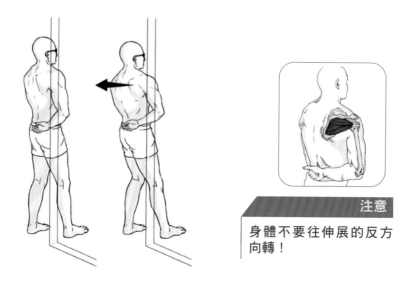

注意

身體不要往伸展的反方向轉！

1. 站著並把右手背在背後，手掌向後，並利用牆壁固定右手手肘與前臂。
2. 維持這個狀態，上半身往後靠。
3. 專注感覺腋下後方的肌肉伸展，維持 15 秒，重複 3 組。
4. 換邊再做一次。

請搭配 40 頁「鐘擺運動」與 41 頁「旋轉肌活絡運動 A」一起進行。

PART 3

打造能完美處理
工作的
手臂、手肘、
手腕

認識 PART3 的基礎用語

- **上臂**：從肩膀到手肘的手臂部分，也可稱為肱。
- **前臂**：手肘到手腕的手臂部分，通常稱為下臂。
- **前臂旋後（supination）**：手掌向上，大拇指朝外的動作。例如：吃東西、洗臉等。
- **前臂旋前（pronation）**：手掌向下，大拇指朝內的動作。例如：撿銅板、推椅子的扶手起身等。
- **手腕屈曲**：手腕向下彎的動作。
- **手腕伸展**：手腕向上翻的動作。

Chapter **1**

一按突出的肌肉，就感到劇烈疼痛

肱二頭肌
biceps brachii

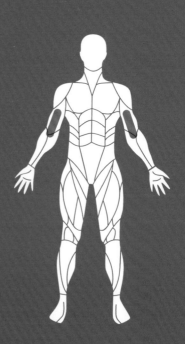

- 肩膀前側疼痛，上臂偶爾會有壓痛感。
- 在做手高舉過頭的動作、丟東西或撿東西時，上臂會嚴重疼痛。
- 疼痛從肩膀延續到上臂。
- 手臂在身體兩側平舉時，若要抬高過肩膀會聽見咔咔聲，並且會感到痛。
- 輕按肌肉結塊處，就會感到劇烈疼痛。
- 就連拿湯匙或梳頭髮都會痛。

一起了解肱二頭肌（biceps brachii）！

尋找肱二頭肌

　　一般人常認為只有手臂有二頭肌，但其實大腿也有。大腿的二頭肌稱為股二頭肌，上臂的二頭肌則稱為肱二頭肌，也可稱作上臂二頭肌，是我們常說的「上臂肌肉突出處」的肌肉。上臂二頭肌的名字來自有兩個頭（biceps）的上臂（brachii）肌肉。

　　肱二頭肌位在上臂前側，主要負責手臂彎曲、前臂旋後（supination，手掌向上，大拇指往外的動作）、肩膀彎曲等動作。舉手時、肩膀內轉與外轉時，肱二頭肌都承擔重要的工作。

肱二頭肌為何緊繃？

－手肘伸直時，提起重量超出個人肌力負荷的物品。

－經常做硬舉等，以正反握姿勢進行的高強度重訓。

－像棒球投手用力投球般，上臂瞬間發揮最強的力量。

－在網球反手拍高飛球，擊球時過度施力。

－做太多肱二頭肌伸展。

與肱二頭肌有關的疼痛部位

很多渴望擁有迷人上半身、手臂強壯有力的人，除了肱三頭肌之外，最常鍛鍊的部位就是肱二頭肌了。在做槓鈴彎舉、啞鈴彎舉時，都會動用肱二頭肌。肱二頭肌的上方有長頭（外側）與短頭（內側）兩條筋，肱二頭肌的疼痛通常都是這兩條筋，而不是肌肉。除了做太多肱二頭肌運動導致的疼痛外，大多都是與肱二頭肌相連的長頭與短頭受傷所致。如圖所示，肱二頭肌疼痛會從肌肉突起處（muscle belly）下方三分之一的位置開始。由於肱二頭肌與肩膀相連，所以肩膀、手臂，尤其是上臂都會出現關聯性的疼痛。

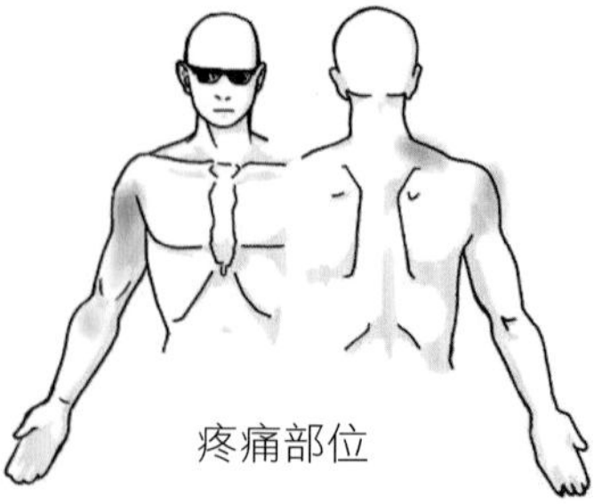

疼痛部位

有效放鬆肱二頭肌的方法

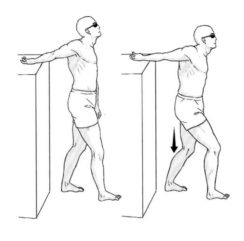

注意

腰不要向前彎！

1. 背靠著稍微比肩膀低一點的書桌或支撐面站著。右手往後轉且手掌朝上伸直，將手放在支撐面上，讓右手的大拇指朝下。
2. 如圖所示右腳往前跨，左腳在後面。
3. 腰打直，雙腳膝蓋慢慢彎曲。
4. 盡量專注於上臂伸展的感覺，維持 15 秒，共重複 3 組。
5. 換手再做一次。

Chapter 2

肩膀痛到連梳頭都做不到

喙肱肌
coracobrachialis

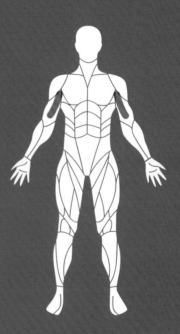

- 肩膀前側、上臂後側出現強烈的壓痛感。
- 肩膀疼痛加劇，完全不能梳頭髮、吹頭髮。
- 疼痛延伸到前臂後側、手腕、手背、中指。
- 打網球發球時，會感覺肩膀附近出現疼痛。
- 將小孩背在背後，手托住小孩時，會感覺到肩膀與上臂出現刺痛。
- 有手掌痠麻、手臂痠麻等症狀，背上背著東西時感覺肩膀前側會痛。

一起了解喙肱肌（coracobrachialis）！

尋找喙肱肌

　　喙肱肌是黏在肩胛骨喙突處三條肌肉中最小的一條（另外兩條是胸小肌與肱二頭肌）。喙肱肌是指烏鴉嘴模樣（korakodes）的上臂（brachialis）肌肉，故以代表鳥嘴的喙字命名。喙肱肌位在上臂內側深處，負責上臂收攏、伸展、防止肩關節脫臼等工作。上臂收縮（手臂向前舉）、上臂內轉（上臂向內收貼向身體）等運動都與喙肱肌有關，同時也負責肩膀向前彎曲等功能。常見的肩膀彎曲動作就是「圓肩」，喙肱肌也是造成圓肩的主因。

固定

喙肱肌為何緊繃？

— 搬運重物。

— 長時間背小孩。

— 打高爾夫時，揮桿角度太大或以錯誤姿勢揮桿。

— 在做仰臥推舉等，以胸部承受高強度重訓時負重過重。

— 拄拐杖抵在腋下並且施力過重。

與喙肱肌有關的疼痛部位

　　一開始的痛點會出現在肌肉起始點下方的肩膀處，然後沿著上臂後方一路延伸到手腕、手背、手指。通常會跳過手肘與手腕，最痛的部位是手臂，手向後伸時疼痛會加劇。喙肱肌四周有許多血管和神經，所以很可能會因為喙肱肌的問題，導致手臂的感覺出現問題，也可能導致姿勢變形，必須格外注意。

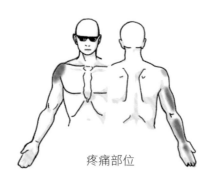

疼痛部位

有效放鬆喙肱肌的方法

注意

身體不要跟著轉動！

1. 雙手背在背後，如圖所示用左手握住右手手腕往左邊拉（右手手掌朝左）。

2. 握著右手手腕，肩胛骨往內收緊。

3. 盡量專注感覺喙肱肌伸展，動作維持 15 秒，重複 3 組。

4. 換邊再做一次。

肱二頭肌按摩

喙肱肌緊繃，通常會使肱二頭肌也一起緊繃。故喙肱肌伸展務必搭配肱二頭肌按摩一起進行。

1. 將有疼痛感的手放在桌子上，並用另一隻手抓住肱二頭肌輕輕放鬆（稍微揉捏）。
2. 從下往上全部放鬆。
3. 疼痛側做 3 組。

請搭配 41 頁「旋轉肌活絡運動 A」一起進行。

Chapter 3

手肘很痛，手掌無力

肱三頭肌
triceps brachii

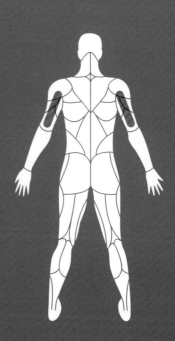

－手肘伸直時，手臂外側感覺疼痛。
－手臂往上舉時，手肘附近感覺疼痛。
－手肘完全彎曲時，會覺得僵硬緊繃，並且會痛。
－肩膀後方疼痛，上臂感覺某處疼痛。
－倒水喝時虎口無力，偶爾還會發生杯子突然掉落的狀
　況。
－手指不太能彎曲。

一起了解肱三頭肌（triceps brachii）！

尋找肱三頭肌

　　肱三頭肌是上臂後方的肌肉。是擁有長頭、外側頭與內
側頭等三個頭（triceps brachii）的上臂（brachii）肌肉，故
稱為肱三頭肌。肱三頭肌與肱二頭肌相反，位在手臂的後側，
肌肉的尺寸也比肱二頭肌大上許多。為了粗壯結實的手臂，
肱三頭肌的鍛鍊就要比肱二頭肌多上
許多。肱三頭肌位在上臂後側，連接
肩膀與前臂，是負責伸展、推手臂等
運動。三條肌肉群分別負責手肘 90
度、未滿 90 度、超過 90 度的彎曲運
動，所以手臂彎曲、伸展時最重要的
肌肉就是肱三頭肌。

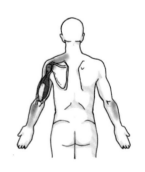

肱三頭肌為何緊繃？

－使用類似前臂拐等，需要前臂出力支撐的拐杖。

－在手肘無支撐的環境下，長時間使用手臂（如：開車）或
　工作。

－從事打高爾夫、網球等，過度使用手肘的運動。

－手臂過度屈伸。

－拿高重量的啞鈴做仰臥三頭肌伸展（lying triceps
　extension）或過頭（over head）三頭肌屈舉等三頭肌運動。

與肱三頭肌相關的疼痛部位

　　肱三頭肌若出問題，疼痛主要會出現在肩膀、上臂、手
肘外側。疼痛將從肩膀開始，沿著手臂後側延伸到手肘與手
腕。網球肘、高爾夫球肘都是肱三頭肌異常的經典症狀。肱
三頭肌異常也可能造成肩膀附近莫名緊繃，嚴重的話甚至會
導致虎口無力，難以拿起物品等問題。

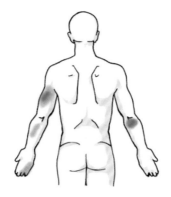

疼痛部位

有效放鬆肱三頭肌的方法

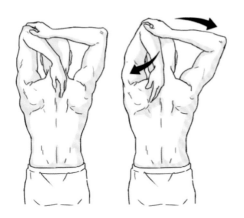

注意

腰不要往旁邊
推出去！

1. 雙手繞到頭後方，用右手扶著左手手肘。

2. 右手拉左手的同時，讓左手手肘更加彎曲。

3. 專注感覺手臂後側伸展開來，維持 15 秒，重複 3 組。

4. 換邊再做一次。

肱二頭肌放鬆

肱三頭肌經常緊繃的人，通常肱二頭肌也會緊繃，所以最好在放鬆肱三頭肌時，也一起放鬆肱二頭肌。

1. 將疼痛側的手肘放在桌上，並用另一隻手握住肱二頭肌（突起處）固定。
2. 維持對肱二頭肌的按壓，並慢慢將手肘伸直。
3. 重複手肘彎曲、伸直的動作。
4. 這個動作做 12 次，總共做 3 組。

請搭配 40 頁「鐘擺運動」與 62 頁「上肢神經根活絡運動」一起進行。

Chapter **4**

轉動手腕、
彎曲手指時會痛

前臂屈肌
wrist flexor

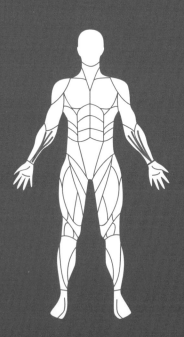

會有這些症狀！

－手肘內側疼痛，痠麻且感覺熱燙。

－曾經手機用到一半手腕突然疼痛，導致手機掉落。

－手腕彎曲、伸直時，都會感到疼痛。

－手指指腹出現壓痛感。

－擰抹布、握握柄轉動、握拳並轉動拳頭時，都會感覺
　疼痛加劇且無力。

－指尖發麻。

一起了解前臂屈肌（wrist flexor）！

尋找前臂屈肌

　　前臂屈肌是手腕伸展、彎曲時手掌與手腕的肌肉統稱，又可稱為屈腕肌，以下將簡單介紹其中的橈側屈腕肌（flexor carpi radialis）、尺側屈腕肌（flexor carpi ulnaris）、屈指深肌（flexor digitorum profundus）等三條肌肉。

　　橈側屈腕肌是位在前臂內側中心的長肌肉，一直延伸到手掌中央。主要負責伸展手腕的工作，也會與其他屈肌群合作完成拉、打器具等，手腕需要出力的動作。尤其棒球、排球、籃球等，球類運動項目常會用到這條肌肉。尺側屈腕肌位在橈側屈腕肌下方，經過小指、延伸到手腕附近的豌豆骨，負責手腕上下左右彎曲的動作。

屈指深肌則是從前臂內側經過手掌，延伸到大拇指以外其他所有手指的肌肉，是前臂屈肌群中唯一負責彎屈手指的肌肉。

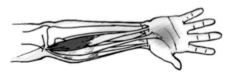

橈側屈腕肌的位置與疼痛部位

尺側屈腕肌的位置與疼痛部位

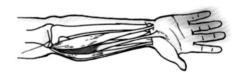

屈指深肌的位置與疼痛部位

前臂屈肌為何緊繃？

－手指與手腕重複且經常性地進行打字、點擊滑鼠、寫字等
　動作。
－經常做洗碗、用抹布擦拭物品、手洗衣服等，需要用到手
　腕的工作。
－從事手腕需要大量出力的運動。
－從事搬運、載運行李的工作。

與前臂屈肌有關的疼痛部位

　　橈側屈腕肌與手腕中央附近的疼痛有關。突然跌倒用手
掌撐地板、從事過度使用手腕的運動時，這條肌肉都會引發
高爾夫球肘或腕隧道症候群等症狀。尺側屈腕肌則與手腕前
側與尺側（小指）附近的疼痛有關，會影響到操作剪刀等動
作。屈指深肌則與從中指延伸到小指的疼痛有關，也與扳機
指（手指伸不太直，就算硬是把手指扳直也伸不直的症狀）
有關。

　　前臂屈肌群疼痛很可能會被誤診為關節炎或韌帶受傷，
但只要放鬆這些肌肉，疼痛就會立刻消失。相反的，若對這
些疼痛置之不理，則可能發展成腕隧道症候群，請務必多加
留意。

有效放鬆前臂屈肌的方法

（1）站姿放鬆

注意

要是感覺肩膀疼痛就要
立刻停止！

1. 疼痛側的手掌撐在桌面，手掌反轉讓手指朝向身體方向。
2. 用另一隻手壓住手背，將手固定住不要移動，手掌盡量伸直，讓手腕不要抬起，手掌完全緊貼在桌面上。
3. 專注感覺疼痛的手肘內側肌肉伸展，維持 15 秒，共重複 3 組。
4. 換邊再做一次。

（2）屈姿放鬆

1. 雙手手掌撐在地面上，如圖所示擺出四肢跪地的姿勢。

2. 注意骨盆或腰不要下凹或拱起，收小腹並將臀部往後推。

3. 專注感覺手肘內側肌肉伸展，維持 15 秒，共重複 3 組。

正中神經、慢縮肌啟動

前臂屈肌緊繃常伴隨有經過手腕的正中神經沾黏問題，所以除了前臂屈肌伸展之外，也一定要放鬆這條神經。

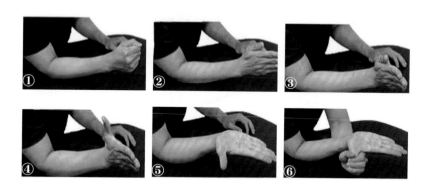

1. 將疼痛的手靠在桌 1 子上，先握拳再將手掌完全伸展開來。
2. 手背向外側推，並將拇指伸直。
3. 手掌掌心朝上（參考圖⑤），並用另一隻手握住大拇指向下拉。
4. 重複 12 次，共做 3 組。

手指伸展運動

前臂屈肌緊繃時，與屈肌功能相反的前臂伸肌（讓手指
與手腕向後折的肌肉）也大多會變弱，所以在做前臂屈肌伸
展時，前臂伸肌最好也一起放鬆。

1. 坐在椅子上，將感到疼痛的手放在桌子上，並用橡皮筋套
   在手指上。
2. 用五隻手指把橡皮筋撐開。
3. 手指施力，並慢慢回到原來的位置。
4. 同樣的動作做 12 次，共做 3 組。

Chapter 5

手掌有如針刺般疼痛

掌長肌
palmaris longus

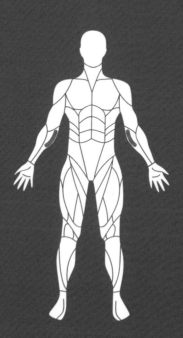

－手掌有像被針刺般的刺痛感。

－手掌感覺又刺又麻。

－手掌有壓痛感，不太能握住需要手指出力才能握住的物品。

－轉方向盤的時候，手掌出現嚴重的疼痛。

－手指不太能用力往外打開。

一起了解掌長肌（palmaris longus）！

尋找掌長肌

掌長肌位在前臂屈肌靠近皮膚的位置，經過手腕一直延伸到手掌。這個名字來自手掌（palmaris）加長（longus）的複合字，故稱為掌長肌。據說世界上約有 10～15％的人沒有掌長肌。當我們的大拇指、無名指與小指收攏，手腕往身體方向收的時候，手腕內側會有一條長長的筋浮出來，沒有這條筋的人就代表沒有掌長肌。

掌長肌的主要功能是輔助手腕彎曲（手腕向手掌方向彎曲），但沒有掌長肌手腕功能也不會有太大的問題。不過韌帶手術、整形手術都會使用掌長肌，所以也不算是完全無用的肌肉。

掌長肌為何緊繃？

－經常打字、寫字等，過度使用手腕。

－滑倒時，用手去撐地面。

－使用工具時，握得太用力，給手腕施加太大壓力。

－經常使用網球拍、棒球、高爾夫球桿等，壓迫手腕的工具。

與掌長肌有關的疼痛部位

　　掌長肌若出問題，前臂內側與手腕都會感到痛。手掌會感覺刺痛或痠麻，手掌甚至會產生結節（突起的不正常組織），嚴重時會完全無法用手。掌長肌緊繃時，經過手腕中央的正中神經也會跟著緊繃，所以不光是手腕，手掌與手指也會感到疼痛。雖然與腕隧道症候群的症狀相似，但通常都只是掌長肌緊繃導致，這時只要放鬆掌長肌症狀很快就會消失。下一頁介紹的動作可以有效放鬆掌長肌。

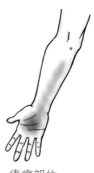

疼痛部位

有效放鬆掌長肌的方法

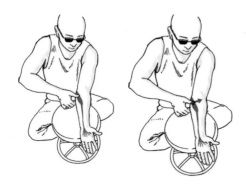

注意

不要壓得太用力！

1. 如圖所示，輕鬆的坐在地板上，將有問題的手放在椅子上。
2. 用另一隻手的大拇指輕輕按壓手肘內側，並且左右推揉將肌肉放鬆。
3. 每一次推揉 20 秒，總共做 3 組，直到僵硬的肌肉放鬆。

請搭配96頁「正中神經、慢縮肌啟動」與97頁「手指伸展運動」一起進行。

Chapter **6**

握拳再張開時，手腕會刺痛

前臂伸肌
wrist extensor

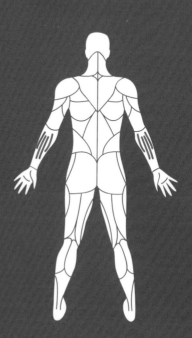

會有這些症狀！

─ 上臂外側、前臂上半部疼痛。
─ 手腕與手背感到疼痛。
─ 握住拳頭再放開時，感覺手掌僵硬，前臂外側出現痠麻感，也會產生刺痛感。
─ 不光是手腕，手指與手肘也會痛。
─ 轉動門把、用螺絲起子鬆開或鎖緊螺絲、拿咖啡杯喝咖啡時，都會因為握力太弱而感覺手無力。

一起了解前臂伸肌（wrist extensor）！

尋找前臂伸肌

　　前臂伸肌是負責手腕伸展、彎曲的肌肉，故稱為前臂伸肌。這裡有很多條伸展，接下來將介紹其中的橈側伸腕長肌（extensor carpi radialis longus）、尺側伸腕肌（extensor carpi ulnaris）、橈側伸腕短肌（extensor carpi radialis brevis）、伸指肌（extensor digitorum）等四條肌肉。

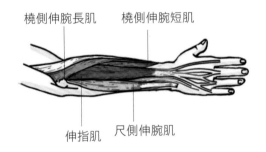

橈側伸腕長肌　　橈側伸腕短肌

伸指肌　　尺側伸腕肌

橈側伸腕長肌是從前臂外側彎向大拇指方向的手腕肌肉，負責手腕伸展、打開的功能。尺側伸腕肌從前臂外側彎向小指方向，負責手腕彎曲、向內折的功能。橈側伸腕短肌從手臂上側往中指方向延伸，同樣與手腕彎曲的動作有關。伸指肌從手背延伸到小指最後一節指骨，負責小指關節伸展。

前臂伸肌為何緊繃？

－過度重複打字、寫字等，需要用到手腕的動作。

－從事棒球、壁球等，手腕外側需要出較多力的運動。

－一口氣做太多洗碗、打掃、洗衣服等，平時不會做的家事。

與前臂伸肌有關的疼痛部位

橈側伸腕長肌、尺側伸腕肌、橈側伸腕短肌、伸指肌等，四條肌肉造成的疼痛部位都有些微差異，但大致來說疼痛會出現在手肘、手臂外側、手背及手指等部位。疼痛部位如下圖所示：

橈側伸腕長肌

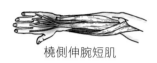

橈側伸腕短肌

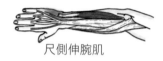

尺側伸腕肌

疼痛部位

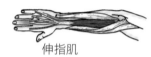

伸指肌

有效放鬆前臂伸肌的方法

1. 右手手背朝下，手腕往內轉。
2. 左手手掌張開握住右手，用力盡量拉住右手，讓右手手腕能夠朝內伸展。這時右手手肘必須盡量伸直。
3. 專注感覺手腕到手肘外側伸展，維持 15 秒，共重複 3 組。
4. 換手再做一次。

手肘筋膜伸展

前臂伸肌緊繃，手腕附近的筋膜也容易沾黏，所以放鬆前臂伸肌的同時，最好也搭配手肘筋膜伸展一起進行。

1. 坐在椅子上，用另外一隻手握住有疼痛感的手固定。這時疼痛手的手掌必須朝下。
2. 將疼痛手的手肘伸直，轉動手臂讓手掌朝上。
3. 用另外一隻手輕輕掃過手肘與前臂的皮膚。
4. 每組 12 次，共做 3 組。

伸肌根神經伸展

　　除了伸肌之外，如果還能搭配根神經類的運動，就能夠減輕筋膜緊繃沾黏，同時幫助伸展肌群快速恢復。

1. 將疼痛手靠在桌子上，並用另一隻手握住手肘外側固定。
2. 維持這個狀態，並慢慢的將手腕彎曲、伸直。
3. 每組 12 次，共做 3 組。

Chapter 7

手腕無法向外轉

旋前圓肌
pronator teres

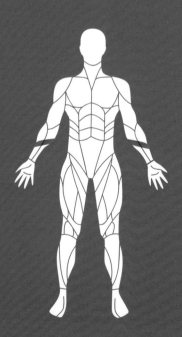

會有這些症狀！

- 手腕想往外轉，卻有股疼痛感湧現。
- 前臂感覺像被尖銳物品刺到一般疼痛。
- 手放著完全沒動，大拇指卻出現深入的痛感。
- 手肘完全伸直時，大拇指與食指感覺嚴重痠麻。
- 手腕往內折或向外彎、握拳時，會感覺手指與手腕疼痛，有時連手肘都會痛。
- 手指痠麻，在手掌靠近大拇指處肉較多的部位出現痠麻感。

一起了解旋前圓肌（pronator teres）！

尋找旋前圓肌

　　旋前圓肌是一條前臂內側斜向生長的肌肉，負責前臂內轉的動作。所謂的前臂俯臥（旋前，pronation）是指手掌向下、大拇指朝內的動作。可以想像一下撿銅板時、推椅子扶手時手掌的姿勢，就比較能夠理解。

　　旋前圓肌連接手肘內側與肱骨中央，就位在正中神經經過的地方，即位在肱骨彎曲時內側凸起的部位與橈骨（手掌向上時，前臂兩根骨頭中外側的那一根骨頭）之間。

旋前圓肌的主要功能如肌肉名所述，是負責前臂的旋前，也就是前臂向內轉這個姿勢。例如：倒水、排球扣球、握住門把向左轉的時候，都會用到旋前圓肌。

旋前圓肌為何緊繃？

－重複特定的手臂動作並過度使用肌肉。
－做出類似排球強力扣球一樣，手腕急速且大力轉動的動作。
－用力握住什麼地轉動。
－重複扭轉手腕拉扯的動作。
－冬天在冰上跌倒並用手撐住身體。

與旋前圓肌有關的疼痛部位

旋前圓肌若出問題，沿著大拇指的前臂上側便會感到疼痛，手腕的疼痛也會加劇。還會出現手指痠麻、手掌感覺遲鈍等症狀。雖然症狀類似腕隧道症候群，但手掌感覺遲鈍大多都是旋前圓肌緊繃造成的，只要好好放鬆旋前圓肌，手腕的疼痛就會消失，希望各位能夠跟著以下介紹的動作放鬆。

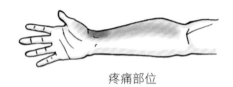

疼痛部位

有效放鬆旋前圓肌的方法

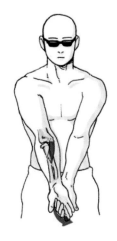

注意

伸展時，手肘必須「完全」伸直。

1. 採站姿，雙手如圖向前伸直。
2. 疼痛手的手掌向上，另一隻手握住疼痛手的手背後往外轉，讓疼痛手的大拇指朝向地板。
3. 專注感覺手肘內側伸展，維持 15 秒，共做 3 組。
4. 換手用同樣的方法再做一次。

請搭配 96 頁「正中神經、慢縮肌啟動」與 97 頁「手指伸展運動」一起進行。

Chapter 8

手肘與大拇指會痛

旋後肌
supinator

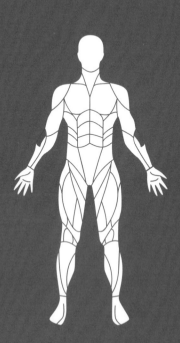

會有這些症狀！

－手肘外側疼痛。
－大拇指四周出現疼痛感。
－手掌朝上轉動手腕時，手腕的疼痛會加劇。
－把衣服擰乾時，手肘與大拇指的痛感會更強烈。
－偶爾會因為疼痛而夜不成眠。

一起了解旋後肌（supinator）

尋找旋後肌

　　旋後肌位在手肘外側延伸至大拇指的這條線上，我們可以想成是位在手肘正下方即可。旋後肌與旋前圓肌是成對的肌肉，主要負責前臂的外轉（旋後，supination）。旋後肌的功能如肌肉名所述，只有前臂的「旋後」而已。所謂的「旋後」是指手掌朝上，大拇指朝外的動作。想像吃東西、洗臉時的手掌姿勢就能輕易理解，這時負責動作的肌肉就是旋後肌。

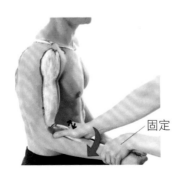

固定

旋後肌為何緊繃？

－網球反手擊球時，經常沒打到球空揮。

－手臂伸直的狀態下提重物。

－經常轉沉重的門把。

－硬是要開打不太開的瓶蓋。

－用手去擰濕透的衣服。

－經常燙衣服，整天到處跟人用力握手。

－手掌經常前後轉動使用工具。

與旋後肌有關的疼痛部位

旋後肌要是緊繃，首先手肘外側會出現疼痛感，接著大拇指也會開始感到疼痛。圖中紅色區塊是主要的疼痛部位。過度勉強自己旋外，也就是做手掌心朝上，大拇指向外轉的動作時，旋後肌便會緊繃。在需要球拍的運動中，做出反手擊球動作便會用到這條肌肉。旋後肌主要負責轉動門把、轉動螺絲起子時，手腕左右移動的重要動作。這條肌肉一旦緊繃，就算只是一些小動作都會導致手肘、前臂與大拇指附近出現疼痛感。

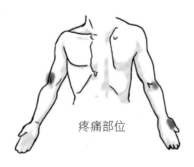

疼痛部位

有效放鬆旋後肌的方法

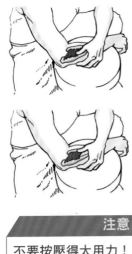

注意

不要按壓得太用力！

1. 放輕鬆坐在地板上，將疼痛手放在椅子上，大拇指朝向身體的方向（也可以坐在椅子上，將手放在桌子上）。

2. 用另一隻手找到手肘的骨頭，然後輕輕上下按壓骨頭正上方的肌肉。

3. 每 1 組做 20 秒，共重複 3 組，直到僵硬緊繃的肌肉放鬆為止。

4. 另一隻手也用相同的方法放鬆。

槌子運動

　　槌子運動是以持續改變重心、移動物體的方式來達到運動效果。這項運動能夠提升手肘附近肌肉的精密控制能力，也能幫助旋後肌恢復正常。

1. 坐在椅子上，用疼痛手握住燒酒瓶、槌子或是裝了水的水瓶。
2. 手肘彎曲呈 90 度並緊貼著身體。
3. 專注感覺手肘肌肉用力，並慢慢將燒酒瓶往外轉，然後再回到原位。
4. 每組 12 次，共重複 3 組。

請搭配 106 頁「手肘筋膜伸展」與 107 頁「伸肌根神經伸展」一起進行。

Chapter 9

握住物品時，手肘會疼痛

肘肌
anconeus

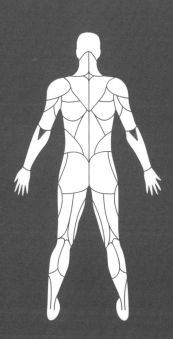

－手肘伸直時，聽見骨頭的聲音。
－手肘後外側感覺疼痛。
－握住物品時，手肘會湧現一陣疼痛，不太能握住東西。
－手肘疼痛之外，還伴隨著上臂與肩膀疼痛。
－手肘疼痛同時感覺手指痠麻。

一起了解肘肌（anconeus）！

尋找肘肌

　　肘肌是手肘外側的三角形肌肉，負責手肘彎曲、伸直的工作。原文「anconeus」是希臘文的手肘（ankon）之意，故稱為肘肌。雖是一條非常短的肌肉，卻能夠穩定並保護肘關節，功能十分重要。最具代表性的動作是釣魚，這時肘肌需要出非常大的力。前臂固定不動並將手肘伸直時，手肘突起的骨頭附近就會有肌肉收縮，這一條就是肘肌。

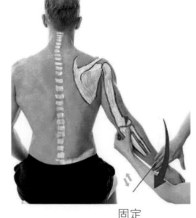

固定

肘肌為何緊繃？

－打網球時過度使用手肘。

－握手時過度晃動手掌。

－經常重複手肘彎曲、伸直的動作。

與肘肌有關的疼痛部位

　　由於肘肌是貼在手肘後方的肌肉，主要疼痛都會集中出現在手肘。不僅肌肉本身不大，作用的部位也非常小，所以很容易損傷。手肘重複彎曲、伸直的動作會給肘肌帶來過大的負擔，緊繃的肘肌若沒有適時放鬆，可能會使疼痛往上蔓延至上臂，也可能向下影響手指，導致手指痠麻。

疼痛部位

有效放鬆肘肌的方法

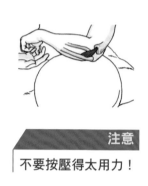

注意

不要按壓得太用力！

1. 放輕鬆坐在地板上，將疼痛手放在椅子上並讓大拇指朝下
   （也可坐在椅子上，並把手放在桌子上）。
2. 用另一隻手找到手肘的骨頭，輕輕按壓放鬆正下方的肌肉。
3. 每1組20秒，共重複3組，直到僵硬緊繃的肌肉放鬆為止。
4. 另一隻手也用相同的方法進行。

擰抹布運動

　　放鬆肘肌時，最好連手腕伸展肌也一起運動。下面介紹的擰抹布動作，可以幫助手腕與手肘附近的肌肉恢復平衡。

1. 坐在椅子上，雙手握住毛巾，跟著節奏上下扭動。

2. 這時手背必須朝上。

3. 每組 12 次，共重複 3 組。

旋轉肌活絡運動 B

所謂的旋轉肌，就是能使肩膀關節穩定的肌肉與筋的組合。透過收縮、放鬆手肘附近筋膜的運動，可以活絡旋轉肌群，也能有效放鬆與肘肌有關的神經與筋膜。

1. 像籃球選手投籃一樣，手向上彎起，手掌朝上。
2. 手肘與手腕伸直，並用另一隻手抓住手腕以幫助手腕伸展。
3. 回到原本的姿勢，再重複同樣的動作。
4. 只有疼痛的那隻手需要做這個動作，每 1 組 12 次，共重複 3 組。

memo

PART 4
強化呼吸道，
鍛鍊背部 & 胸部

認識 PART4 的基礎用語

· **肩胛骨**：手臂的骨頭與身體連接處，位在背部的成
  對骨頭。
· **肩膀外轉**：手臂往旁邊舉起的動作。
· **胸骨**：胸部中央直立的骨頭。
· **肋骨**：構成胸部，左右兩側成對的骨頭。
· **鎖骨**：胸部上方左右成對的骨頭，往內與胸骨相連，
  往外與肩胛骨相連。

Chapter 1

生氣時扶牆大吼……
結果腰背好痛

闊背肌
latissimus dorsi

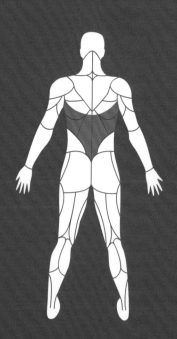

－肩背疼痛，上臂與前臂也感覺疼痛。

－手臂往前舉起或伸直時，疼痛加劇。

－手臂打開成 Y 字形時，肩頸疼痛加劇。

－不管做怎樣的伸展都沒效，只有按摩才能稍微減輕疼痛。

一起了解闊背肌（latissimus dorsi）！

尋找闊背肌

　　闊背肌是背部涵蓋範圍最廣的三角形肌肉，也是人體最大的三塊肌肉之一（另外兩塊是胸大肌、臀大肌）。原名是最寬廣（latissimus）的背（dorsi）之意，故稱為闊背肌。

　　習慣運動的人都會努力鍛鍊闊背肌，時下戲稱的「背影殺手」，說的就是鍛鍊闊背肌的傲人成果。在用手臂拉、丟東西時，出最大力的肌肉就是闊背肌。最具代表性的動作，就是懸吊攀爬、抬起並高舉重物等。在擴大腰部活動範圍、控制肩膀動作時，闊背肌也會派上用場。體操、棒球、游泳、網球等運動選手，都必須鍛鍊闊背肌，這是一塊很具代表性的肌肉。

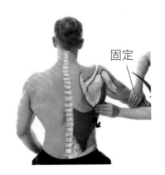

固定

闊背肌為何緊繃？

一高舉重物過頭。

一過度做手臂屈伸、吊單槓等動作。

一丟球太用力。

一整天都縮著身體拔草。

一長時間穿著收緊背部的內衣。

一以錯誤的姿勢運動闊背肌。

一闊背肌運動前後沒做適當的暖身、緩和。

與闊背肌有關的疼痛部位

　　闊背肌是背部最大的肌肉，一旦緊繃就會使背部與腰部附近出現大範圍的疼痛。疼痛會沿著肩胛骨延伸到肩膀前後，甚至會順著手臂內側一直蔓延到手指。如果做了伸展與充分的休息疼痛仍沒有消失，就請依照以下介紹的方法來放鬆肌肉吧。即使沒有疼痛問題，也建議經常做這些伸展，這樣能使闊背肌更加結實。

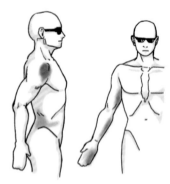

疼痛部位

有效放鬆闊背肌的方法

（1）站姿放鬆

注意

有腰椎間盤突出的人禁
止做這個動作！

1. 右手握住門把或柱子，左腳往前跨出去且膝蓋彎曲。右腳
   往後、往內伸直並踮起腳尖。左手也跟右手一樣一起伸直。
2. 右手腳踝與右邊骨盆往右側下壓，身體微微往左轉讓右側
   胸部能夠朝上。
3. 專注感覺闊背肌所在部位伸展，維持 15 秒，共重複 3 組。
4. 換邊再做一次。

（2）坐姿放鬆

1. 坐在椅子上，右腳跨在左腳上。
2. 左手扶著右腳，幫助骨盆固定不動，右手盡量往左邊對角線的方向伸直。
3. 盡量專注闊背肌所在的部位伸展，維持 15 秒，共重複 3 組。
4. 換手再做一次。

上肢伸展肌運動

　　闊背肌緊繃的人大多有駝背問題，下斜方肌的功能也非常弱，因此建議最好搭配上肢伸展肌運動一起進行。

1. 趴在瑜伽墊上，手背向上，雙手微微打開約 30 度。
2. 吸氣的同時轉動手臂，讓大拇指朝向天花板並收攏肩胛骨。
　 下巴微微向內收，從脊椎到頸部都要維持中立不動的姿勢。
3. 慢慢吐氣，並回到步驟 1 的姿勢。
4. 每組 12 次，共做 3 組。

請搭配 17 頁「胸肌放鬆」一起進行。

Chapter 2

很難做深呼吸，
肩胛骨內側緊繃

前鋸肌
serratus anterior

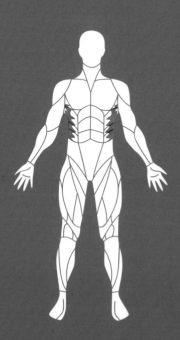

- 胸口或胸部感到疼痛。
- 不太能深呼吸。
- 腋下下方變得敏感且緊繃。
- 肩胛骨內側有莫名的悶痛感。
- 感覺背部深處疼痛。

一起了解前鋸肌（serratus anterior）！

尋找前鋸肌

　　前鋸肌是從腋下往胸部方向延伸的肌肉，是位在前側（anterior）的鋸子（serra）形肌肉，故稱為前鋸肌。這個名字也代表這塊肌肉，是比後上鋸肌與後下鋸肌還要前面的鋸狀肌肉。因為位在肋骨與肩胛骨之間，主要的功能是穩定肩胛骨、參與肩胛骨往外轉時，貼合胸廓並往前推等複合動作。

　　在肩膀復健過程中，前鋸肌是非常重要的肌肉。尤其瑜伽與皮拉提斯的倒立姿勢（inversion）、拳擊中的刺拳等動作，前鋸肌都扮演相當重要的角色。

前鋸肌為何緊繃？

—從事如游泳、打網球、做高負重訓練等，需要重複使用肩胛骨的動作。

—使用胸式呼吸。

—做上半身運動卻未固定肩胛骨。

與前鋸肌有關的疼痛部位

前鋸肌貼著肋骨，主要負責幫助肩胛骨往外轉貼合胸廓並往前推的動作。舉起手臂時，就會清楚看見這塊肌肉，也與六塊腹肌一起被認為是男性美的象徵。所以對運動有興趣的人，大多都會鍛鍊前鋸肌。在肩胛骨運動時，前鋸肌也是不可或缺的肌肉。前鋸肌若緊繃、無力，很可能會導致肩膀扭傷，疼痛也可能沿著乳頭線與手臂內側向下延伸至無名指與小指。

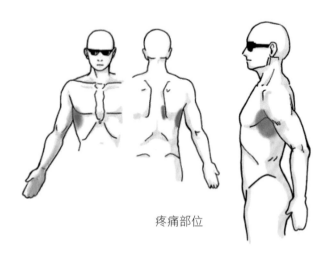

疼痛部位

有效放鬆前鋸肌的方法

（1）臥姿放鬆

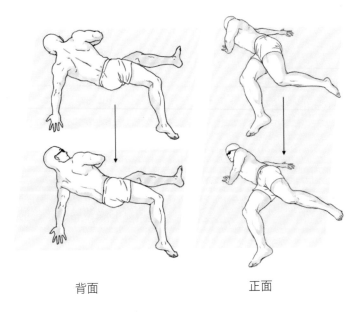

背面　　　　　　　　　　　正面

注意

放在後面的那隻手一定不能高過肩膀，肩膀痛的人禁止做此動作！

1. 躺在地板上，左手貼著地板且手背朝上。
2. 左腳膝蓋彎曲支撐體重，右手撐著地板，身體往反方向推。
3. 專注感覺肋骨附近的肌肉伸展，維持 15 秒，共做 3 組。
4. 換邊再做一次。

（2）坐姿放鬆

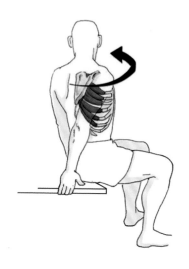

注意

注意右邊肩膀不要往前推！

1. 坐在椅子上，右手扶著椅子固定身體。

2. 身體慢慢往左轉。

3. 專注感覺前鋸肌伸展，維持 15 秒，共做 3 組。

4. 換邊再做一次。

長胸神經啟動術

前鋸肌緊繃時，也會需要放鬆控制前鋸肌的長胸神經。

1. 坐在椅子上，如照片②所示左手扶著右側骨盆固定，右手則盡量往下延伸。
2. 脖子往左彎，在右手手掌與手肘完全伸直的狀態下慢慢抬起肩膀，然後再往後轉（這時要專注感覺肩膀上側與肩胛骨之間的伸展）。
3. 手慢慢放下。
4. 只要做疼痛的那一側即可，每 1 組 12 次，共做 3 組。

請搭配 47 頁「肩胛面外展聳肩」一起進行。

Chapter 3

肩胛骨好像腫起來那樣痛

菱形肌
rhomboid

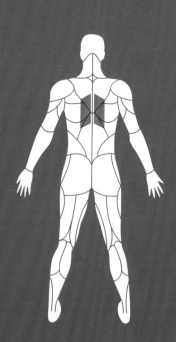

- 靜止不動仍感覺肩胛骨與背部特定側有刺痛感。
- 做肩膀運動（shrug exercises）時，頸背深處感覺像
  被掛在牆上或扭到那樣超級疼痛。
- 活動肩膀時，會發出好像什麼卡住的聲音。
- 呼吸時背部會痛。
- 肩膀向前縮，脖子很僵硬。
- 睡醒突然轉頭或頭向前推時，會產生痛感。

一起了解菱形肌（rhomboid）！

尋找菱形肌

菱形肌是從肩膀延伸到背部的肌肉，如照片的紅色部分
所示成菱形狀。原文「rhombo」意思是平行四邊形，也可稱
為菱形。菱形肌共有兩塊肌肉，小的稱小菱形肌，大的稱大
菱形肌。小菱形肌在上，大菱形肌在下，附著在兩側肩胛骨

與脊椎之間，連接脊椎與肩胛骨以
固定肩胛骨，主要負責使肩膀穩定
打開、內收等工作。打開、轉動胸
部時，菱形肌也扮演重要的角色。

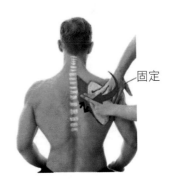

固定

菱形肌與肩胛骨內側背部的腫
塊有很深的關聯性。

許多人都因這個部位脹痛而感到肩頸不適，這時通常都是菱形肌出問題。尤其經常使用智慧型手機、電腦等，IT 產品的年輕族群，常有菱形肌疼痛的問題。

菱形肌為何緊繃？

－維持圓背的姿勢長時間伸直手臂打鍵盤。

－頸部與背部沒有打直，且長時間使用智慧型手機。

－手臂放在書桌上長時間讀書。

－長時間使用鋸子。

－手臂長時間高舉過頭。

－沒有靠著椅子，以微微駝著背的姿勢久坐。

與菱形肌有關的疼痛部位

　　由於菱形肌是位在肩胛骨附近的肌肉，所以一旦菱形肌緊繃，肩胛骨內側與背部就會出現疼痛感，最經典的症狀就是肩胛骨內側出現腫塊。雖然不會非常痛，也無法明確指出是哪裡不舒服，但會感到頸部、肩膀及背部哪裡不太對勁。若為了舒緩這種不適感而嘗試運動，反而會使肩膀有如扭到般疼痛。

　　下一頁介紹的伸展動作，可以在不需治療的情況下放鬆菱形肌，還能有效預防菱形肌緊繃，建議各位有空就做。

疼痛部位

有效放鬆菱形肌的方法

（1）趴姿放鬆

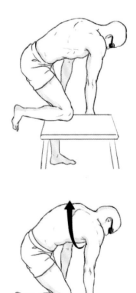

注意

腰不要跟著轉！

1. 右腳與左手跨在矮桌或凳子上，右手從左邊扶著凳子的內側。
2. 右邊手肘完全伸直，上半身往右邊拉。
3. 專注感覺左邊肩胛骨內側部位伸展，維持 15 秒，共重複 3 組。
4. 換邊再做一次。

（2）坐姿放鬆

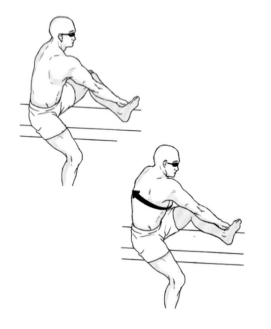

注意

腰不要跟著轉！

1. 坐在長凳子上，左腳跨上來後用右手抓住左腳外側固定。

2. 僅上半身往右邊轉，盡量將左邊肩胛骨內側伸展開來（這時手肘不能彎曲，腳也不能動）。

3. 專注感覺肩胛骨內側部位伸展，維持 15 秒，共重複 3 組。

4. 換邊再做一次。

請搭配 137 頁「長胸神經啟動術」、47 頁「肩胛面外展聳肩」、62 頁「上肢神經根活絡運動」一起進行。

Chapter 4

只是想鍛鍊胸肌⋯⋯
結果手臂舉不起來

胸大肌
pectoralis major

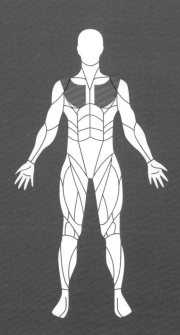

會有這些症狀！

－手臂往左右兩側平舉時，無法舉超過 150 度
（假設正常角度為 180 度）。
－第 4、第 5 根手指與下臂內側出現疼痛感。
－肩膀、手臂與手掌出現痠麻感。
－胸部出現壓迫感。
－打開肩膀時疼痛十分劇烈，而且不太能活動。

一起了解胸大肌（pectoralis major）！

尋找胸大肌

　　胸大肌是覆蓋胸部的三角形肌肉，又可稱為胸肌或胸脯。由上往下依序是鎖骨、胸骨、肋骨，最下方則與腹部纖維相連。胸大肌主要的功能是讓手臂往前收攏，如用手臂推、丟、內收躺下時，胸大肌都會與肩膀一起扮演重要的角色。像鳥類那種手臂能夠前後揮舞的動物，胸大肌都十分發達。雞胸肉扎實的口感，就是胸大肌發達所致。

雞的胸大肌負責許多工作，所以胸部幾乎都是蛋白質，分布的脂肪較少。直立步行的人類胸大肌比較沒那麼發達，所以如果想鍛練胸大肌，就要多做伏地挺身和仰臥推舉等運動。

胸大肌為何緊繃？

－平時持續圓肩（round shoulder）、縮著肩膀。

－長時間持續肩膀往前縮、頭往前推的姿勢。

－持續以手臂向前伸直的姿勢工作。

－有心肌梗塞。

與胸大肌有關的疼痛部位

　　如前所述，胸大肌可分為上、中、下三塊，分別屬於鎖骨、胸骨與肋骨。疼痛也主要出現在這三個部位。胸大肌出問題時，上半身的動作都會受到嚴重影響。這就是為什麼柔道、摔角等，必須將對手扛起來過肩摔的運動選手，胸大肌一旦緊繃就會受到嚴重影響。若因為胸大肌不正確的運動導致胸大肌緊繃，不僅是胸部會出問題，疼痛甚至會蔓延至前臂。以下介紹的動作能夠有效預防、放鬆胸大肌緊繃。

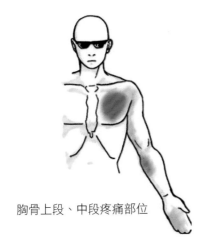

胸骨上段、中段疼痛部位

胸骨下段疼痛部位

有效放鬆胸大肌的方法

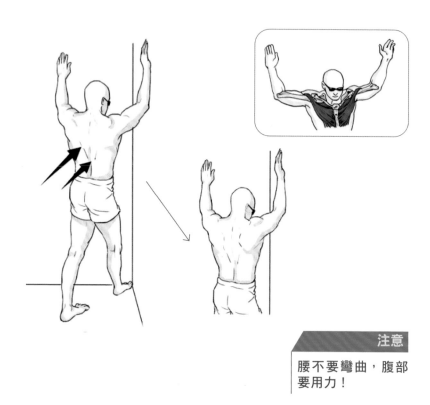

腰不要彎曲,腹部
要用力!

1. 如圖所示站在牆角,雙手往上舉起並張開約 120 度,接著
   雙腳前後站開。
2. 胸部往前推,將身體往牆角方向推出去。
3. 盡量專注感覺胸部肌肉伸展,維持 12 秒,共重複 3 組。

前鋸肌神經根活絡運動

　　這是幫助肩膀恢復正常的運動，可以活絡旋轉肌群（棘上肌、棘下肌、肩胛下肌、小圓肌）與前鋸肌。是肌肉復健運動最後一個階段不可或缺的運動。

1. 雙手抓著彈力帶的兩端並繞到背後，接著雙手往前伸直，將左右兩手抓住的彈力帶交換（圖①與②）。
2. 手肘貼著身體，手臂外旋後雙手左右張開（圖③～⑤）。
3. 手肘完全伸直並向上舉起，兩隻手的角度約是 120 度（圖⑤至～⑦）。
4. 像拳擊選手把肩膀伸展開來一樣打開肩胛骨，接著肩胛骨慢慢放鬆力氣，動作恢復成圖⑦。
5. 每組 12 次，共做 3 組。

肩胛下肌神經根活絡運動

　　肩胛下肌負責的功能與胸大肌類似，若胸大肌出問題，則會由肩胛下肌代為出力。所以胸大肌出問題時，肩胛下肌也必須跟著舒緩。

1. 站立並單腳踩著彈力帶，右手拉住彈力帶，讓手肘靠著彈力帶。
2. 肩膀角度維持 90 度，手臂慢慢往內放下。
3. 每組 12 次，共重複 3 組。

請搭配 47 頁「肩胛面外展聳肩」一起進行。

Chapter 5

呼吸不順暢

胸小肌
pectoralis minor

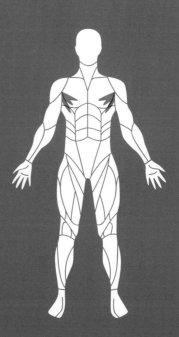

會有這些症狀！

- 肩膀，尤其是三角肌部位疼痛。
- 胸部上半部感覺疼痛。
- 手掌與手臂感到疼痛、痠麻與熱燙。
- 呼吸不順。

一起了解胸小肌（pectoralis minor）！

尋找胸小肌

　　胸小肌是在胸大肌裡的肌肉，顧名思義本身較為小塊，是有三個頭的扇形肌肉，主要負責將肩胛骨固定在胸部的位置，並使其穩定。胸小肌也與呼吸有關，同時會參與肩膀往前縮的動作，專業用語稱為肩胛骨向前傾斜。這塊肌肉很容易因為手臂向下的運動而受到損傷。此外，胸小肌也是圓肩的主因。

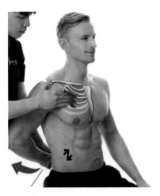

固定

胸小肌為何緊繃？

－平常以駝背的姿勢長時間坐在書桌前工作。

－平時使用胸式呼吸。

－有圓肩傾向。

－胸部有外傷。

－長時間使用拐杖。

－用手提著應該用肩背的沉重背包。

與胸小肌相關的疼痛部位

　　胸小肌是胸部的肌肉，同時也負責固定肩胛骨。因此胸小肌一旦緊繃，疼痛主要會出現在胸部與肩膀，相當於圖中的紅色區塊。胸小肌下方有許多神經、靜脈、動脈經過，故胸小肌一旦出問題，便可能壓迫到神經導致疼痛延伸到前臂，伴隨手臂與手指痠麻等症狀。據悉胸小肌是圓肩的主因，胸小肌變短時會使肩胛骨往前傾斜，進而肩膀內縮。

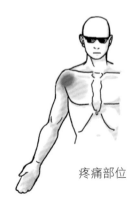

疼痛部位

有效放鬆胸小肌的方法

（1）站姿放鬆

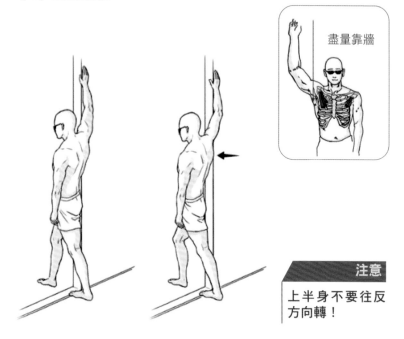

盡量靠牆

注意
上半身不要往反
方向轉！

1. 站在牆角，手臂高舉並打開約 120 度。
2. 打開到右圖紅色箭頭指示處為止，讓手臂完全貼合在牆上。
3. 上半身慢慢往前推，移動整個身體。
4. 專注感覺胸小肌伸展，維持 15 秒，共做 3 組。

（2）坐姿放鬆

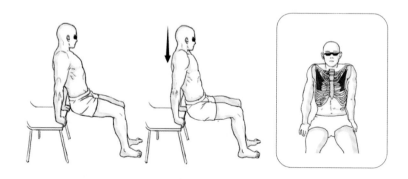

注意

膝蓋與髖關節角度必須
維持大約 90 度！

1. 如圖所示，雙手往後撐著椅子的前緣，擺出騰空坐著的姿勢（這時椅子的高度必須與膝蓋維持 90 度彎曲時同高）。

2. 肩胛骨放鬆並聳肩。

3. 專注感覺胸部肌肉伸展，維持 15 秒，共做 3 組。

斜角肌自助按摩

　　胸小肌緊繃，就會壓迫到經過此處的神經導致各種不適，故胸小肌緊繃時，最好搭配斜角肌按摩一起放鬆。

1. 坐在椅子上，脖子微微往側邊彎。
2. 這時斜向突起的肌肉就是斜角肌，請摸這條肌肉（斜角肌與其他肌肉不同，摸起來很緊繃）。
3. 上下輕輕按壓斜角肌，按壓深度約維持在 0.5 公分。
4. 按壓疼痛側 30 秒，共重複 3 組。

前鋸肌活絡運動

胸部肌肉緊繃，前鋸肌也會跟著變疲弱，建議在伸展胸小肌時搭配這個運動，也能大幅放鬆胸部肌肉。

1. 站立且雙手張開與肩同寬，雙手角度成 120 度（往斜上方舉起，從後面看過去會呈現一個 Y 字）。
2. 雙手往前伸直並聳肩。
3. 維持 2 秒左右，再慢慢放下肩膀。
4. 每組 30 秒，共重複 3 組。

> 請搭配 32 頁「腹式呼吸」與 137 頁「長胸神經啟動術」一起進行。

Chapter 6
胸口很悶，感覺很鬱悶

胸骨肌
sternalis

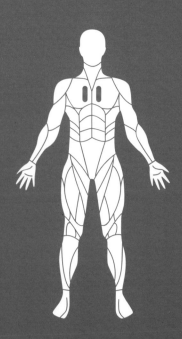

會有這些症狀！

- 在做特定動作時，感覺胸口深處某個地方很痛。
- 胸部整體感到疼痛，像有人緊掐著胸口一樣難受。
- 肩膀前側、上臂內側、手肘內側感到疼痛。
- 壓力大時疼痛會加劇，胸口中央感覺有東西深深刺入那般難受。

一起了解胸骨肌（sternalis）！

尋找胸骨肌

　　胸骨肌是位在胸部正中央胸骨（sternum）上的肌肉，左右兩邊是胸大肌，下方則是腹直肌（腹部肌肉），胸骨肌會與這些肌肉合作運動。目前仍未有研究報告指出胸骨肌有獨立的作用，可視為胸大肌的一部分或腹肌的變形。世界上有7～8％的人沒有胸骨肌。壓力極大（或心情鬱悶）時，會感覺胸部深處超級痛，這股疼痛感的所在位置，就是胸骨肌。

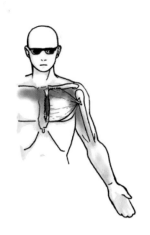

胸骨肌為何緊繃？

－胸大肌緊繃時也跟著一起緊繃。

－因為壓力或憤怒。

－曾罹患急性心肌梗塞、狹心症等病症。

－胸骨部位有外傷。

與胸骨肌有關的疼痛部位

　　胸骨肌不會獨立運動，都是與胸大肌、腹直肌合作運動，所以胸骨肌緊繃時的症狀會與胸大肌緊繃類似。如圖所示，疼痛會分布在胸骨上半部並往左右兩側延伸，嚴重時疼痛會繞過胸骨上段，沿著肩膀往下至手臂內側。常見的胸痛成因是憂鬱，會伴隨著胸口鬱悶的感受，偶爾會導致消化不良，感覺起來像心臟問題。下一頁介紹的動作能簡單有效地解決此狀況。

疼痛部位

有效放鬆胸骨肌的方法

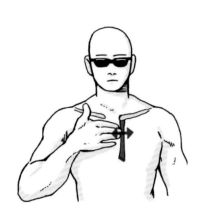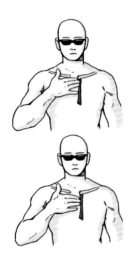

注意
按壓時不要太用力！

1. 坐在椅子上，如上圖所示用手找到胸骨肌。
2. 用食指與中指左右輕輕揉捏。
3. 感覺有一定程度的放鬆後，再往上、往下挪動繼續揉捏，放鬆整條胸骨肌。

請搭配 17 頁「胸肌放鬆」與 18 頁「胸小肌按摩」一起進行。

Chapter 7

開車時，
常感到鎖骨很痛

鎖骨下肌
subclavius

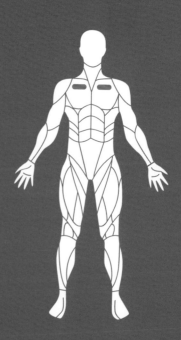

會有這些症狀！

－鎖骨下方感到刺痛。
－除了鎖骨痛之外，疼痛還沿著上臂內側往下延伸。
－拇指、食指、中指感到疼痛。
－手背與手掌也感到疼痛。

一起了解鎖骨下肌（subclavius）！

尋找鎖骨下肌

　　鎖骨下肌是貼合在第一肋骨與鎖骨底部的肌肉，位於鎖骨下方的凹陷處。鎖骨下肌顧名思義為鎖（clavis）下方（sub）的肌肉，由於橫向的鎖骨長得像鑰匙一樣，所以才有此稱呼。這條肌肉負責固定鎖骨，將肩膀往前、往下拉等工作。簡單來說，鎖骨下肌主要負責屈肩運動。鎖骨下肌與胸大肌都是造成圓肩的主要原因之一，經常蜷縮身體的人通常都有鎖骨下肌緊繃的問題。

鎖骨下肌為何緊繃？

－天生就是肩膀往內縮的體型。

－長時間以駝背的姿勢從事文書作業。

－經常開車。

－因為天氣冷而縮著身體。

與鎖骨下肌相關的疼痛部位

　　鎖骨下肌緊繃時，首先鎖骨下方會出現刺痛感。接著疼痛會沿著上臂內側蔓延到二頭肌與前臂上半段，嚴重時甚至會導致大拇指到中指都感到疼痛。駝背、圓肩、烏龜頸、一字頸、呼吸困難、垂肩症候群、胸廓出口症候群等，都是與鎖骨下肌有關的常見症狀。各位可用下頁介紹的簡單動作，好好放鬆緊繃的鎖骨下肌。

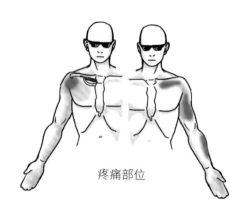

疼痛部位

有效放鬆鎖骨下肌的方法

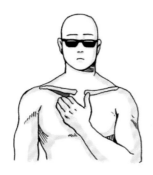

注意

按壓時不要太用力！

1. 坐在椅子上，用手摸到鎖骨的位置，鎖骨下方與身體連接的凹陷處，就是鎖骨下肌的所在之處。

2. 輕輕的按壓這個部位。

3. 按壓深度約 0.5 公分，輕輕的由外而內，一點一點地搓揉放鬆肌肉。

請搭配 17 頁「胸肌放鬆」與 18 頁「胸小肌按摩」一起進行。

PART 5

做什麼都要用到
核心肌群：
腰部 & 骨盆

認識 PART5 的基礎用語

· **脊椎屈曲（flexion）**：腰往前彎的動作。

· **脊椎伸展（extension）**：腰往後彎的動作。

· **脊椎旋轉（rotation）**：腰部固定，軀幹往左右轉動的動作。

· **脊椎的側面屈曲（lateral flexion）**：腰部往左右彎曲的動作。

· **髖關節**：骨盆邊緣、跨間兩側各有一個的關節，也有人稱為股關節。

· **髖關節屈曲（彎曲）**：抬腳帶動髖關節往前彎的動作。

· **髖關節外轉**：腳往外轉帶動髖關節往外轉的動作。

Chapter 1

腰痛到連拉開鞋帶
都有困難

脊柱起立肌
erector spinae

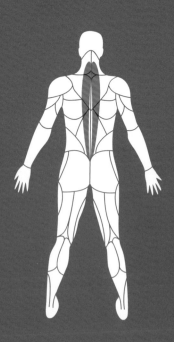

－無法久坐，感覺腰背持續悶痛不適。
－背部、臀部、腹部等感覺疼痛。
－站著的時候無法彎腰。
－坐姿起身、穿脫鞋子時，腰背都會感到一陣疼痛。

一起了解脊柱起立肌（erector spinae）！

尋找脊柱起立肌

　　脊柱起立肌位在背部，是幫助身體支柱脊椎直立的重要肌肉。脊柱起立肌的意思是撐起（erector）脊椎（spinae）的肌肉，屬於脊柱起立肌的肌肉可分為髂肋肌（iliocostalis）、最長肌（longissimus）、棘肌（spinalis）等三類。是向上延伸至頸部，往下連接腰部與骨盆狹長肌肉。是幫助脊椎直立的核心肌群，也是負責腰部功能的重要肌肉，幫助脊椎的外側屈曲、伸展與旋轉。

脊柱起立肌為何緊繃？

－長時間維持同一個姿勢。

－平時運動不足。

－長時間搭飛機。

－久坐且不靠著椅背。

與脊柱起立肌有關的疼痛部位

　　如前所述，脊柱起立肌從頸部延伸到骨盆，是分布較長、較廣的肌肉。也因此脊柱起立肌一旦緊繃，疼痛就會發生在從肩膀到腰部、骨盆這一塊較大的範圍內。我們經常說「腰痛」，但準確來說是「脊柱起立肌緊繃」。腰痛時總會覺得從腰背到後頸都緊繃、僵硬，骨盆歪斜與腰部肌肉緊繃也會對頸部造成影響，所以脊柱起立肌緊繃的問題應盡快處理。

　　希望各位能透過後面介紹的動作，守護自己的腰部健康。

疼痛部位

有效放鬆脊柱起立肌的方法

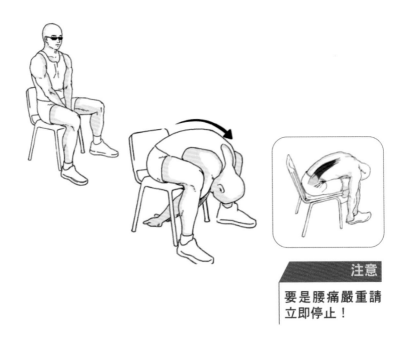

注意

要是腰痛嚴重請
立即停止！

1. 坐在椅子上，雙手放在兩腿中間。

2. 腰往前彎，雙手盡量往前伸直。

3. 專注感覺腰部肌肉伸展，維持 15 秒，重複 3 組。

腰部骨盆協調運動

　　脊柱起立肌緊繃最大的原因，就在於骨盆的動作受限，腰部肌肉過度運動。遇到這樣的情況，可以做下面這個髖關節鍛鍊動作。

1. 如照片所示靠牆站好，雙手扶著棍子或是瑜伽滾輪。
2. 臀部靠著牆不動，身體慢慢向前彎。（這時要注意腰不要拱起來，只有髖關節動作。）
3. 接著再慢慢回到步驟 1 的姿勢。
4. 每組 12 次，共重複 3 組。

骨盆中立認知運動

　　這個運動可幫助我們找回骨盆與腰部的正常位置，使腰與骨盆的協調回歸正常，以提升腰部穩定度。對腰不好的人非常有效。

1. 將彈力帶綁在膝蓋與腰上，向前趴下四肢跪地。
2. 維持腰部與骨盆的中立姿勢，慢慢往前爬。
3. 往前移動到一定的位置後，再用同樣的動作往後爬。
4. 前後爬完算 1 組，共做 4 組。

臀肌活絡運動

　　下面是強化臀部肌肉與核心肌群的運動。

1. 側躺在地板上，兩側髖關節與膝蓋均微微彎曲。如圖所示，單手摸著臀部上方。
2. 摸著臀部的那隻手壓住臀部，同時重複膝蓋打開、收攏的動作。（盡量集中在臀部肌肉用力的感覺。）
3. 換方向再做一次。左右兩邊各做 12 次，共要重複 3 組。

Chapter 2

想鍛鍊猛男般的六塊腹肌，
結果害自己便秘

腹直肌
rectus abdominis

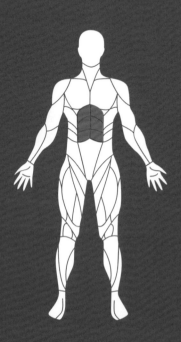

會有這些症狀！

－腹部充滿氣體。（會常常放屁。）
－感覺背像是被人用帶子綁住那樣痛。
－起身或彎腰時，腰背僵硬。
－有嚴重生理痛，也會出現如盲腸炎般的劇烈疼痛。
－有消化不良、腹部脹氣、便秘等症狀，按壓肚子會痛。

一起了解腹直肌（rectus abdominis）！

尋找腹直肌

　　腹直肌是最具代表性的腹部肌肉。是腹部（abdominis）的直線（rectus）肌肉，故稱為腹直肌。腹部共有四塊肌肉，其中腹直肌位在正面內側腹壁的淺層處，也就是「王」字型的六塊肌，腹部的正面絕大多數由這塊肌肉所覆蓋。腹直肌參與脊柱屈曲（骨盆向後推的動作）、脊柱伸展（骨盆向前推的動作）等運動，也負責穩定腰椎關節、骨盆與肋骨。

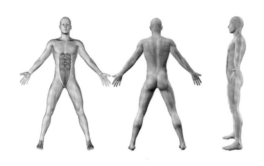

腹直肌為何緊繃？

－過度的腹肌運動導致腹部強烈抵抗。

－因為便秘而長時間蹲廁所、腹部用力。

－長期蜷縮久坐。

－在沒有靠背的情況下久坐。

與腹直肌相關的疼痛部位

　　腹直肌是包覆內臟的肌肉，所以腹直肌緊繃時，疼痛感會出現在肚臍正下方、內臟聚集處。如果認真做肌肉運動仍有便秘、腹瀉、腸胃問題的話，就應該懷疑是腹直肌緊繃所致。腹直肌緊繃也可能使疼痛擴散至背部與臀部。腹直肌若不夠強壯姿勢便容易跑掉，進而對腰部造成負擔而導致腰痛。如果無法立即從仰躺的姿勢起身，就表示腹直肌肌力不夠。

　　下面將介紹可強化腹部肌肉，輕鬆舒緩腹直肌疼痛的動作與運動。

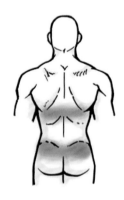

疼痛部位

有效放鬆腹直肌的方法

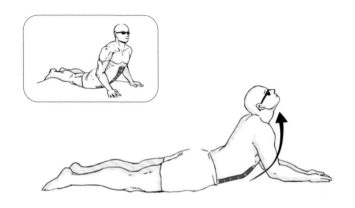

注意
腰不要過度彎折！

1. 趴在地板上,雙手支撐體重,身體向後仰起。
2. 手肘完全伸直,腰向後仰,並且更大力地將腹直肌伸展開來。
3. 盡量專注感覺腹直肌伸展,維持 15 秒,共重複 3 組。

Draw in 收腹運動

　　Draw in 是活絡腹部肌肉的運動。如果不做這個運動，只是單純靠伸展來舒緩腹直肌緊繃問題的話，那麼復發的可能性非常高。

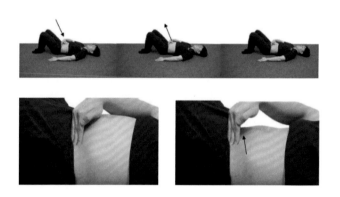

1. 如照片所示，躺下後雙膝屈起。
2. 一隻手摸到骨盆最突出的骨頭後，手指併攏往內移動，放在骨頭上方的腹部位置。
3. 用鼻子吸氣並用嘴巴吐氣，將吸入的氣完全吐出，同時感覺腹部像要碰觸到地板。
4. 呼吸的最後一瞬間請想像用手輕輕捏住、擠壓腹部的感覺，同時手指微推腹部。（必須感覺腹部變緊實，不能讓腹部過度膨脹。）
5. 每組 12 次，共重複 3 組。

膕旁肌按摩

　　位在腹直肌旁邊的膕旁肌,是一塊只要腹直肌緊繃便會跟著緊繃的肌肉。膕旁肌緊繃會使腰部與膝蓋疼痛,也可能使腹直肌再度緊繃。

1. 將按摩球放在椅子上,並用大腿壓住按摩球。
2. 腳尖微微踮起將大腿撐起,接著雙腳重複開合動作,用按摩球慢慢放鬆大腿後側肌肉。
3. 換腳再做一次,各做 30 秒,共重複 3 組。

腹直肌緊繃時請搭配 32 頁「腹式呼吸」一起進行。

Chapter 3

咳嗽時，側腰會痛

腰方肌
quadratus lumborum

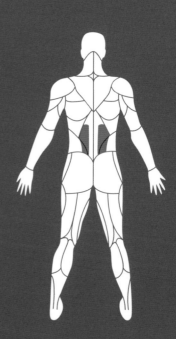

一咳嗽或打噴嚏時，側腰會痛。

一上下樓梯時，腰與側腰會痛。

一睡覺時難以翻身。

一骨盆與臀部會痛。

一鼠蹊部附近疼痛，且偶爾會有坐骨神經痛。

一起床前膀胱內充滿尿液時疼痛特別嚴重。

一起了解腰方肌（quadratus lumborum）！

尋找腰方肌

　　腰方肌是位在肋骨與骨盆邊緣之間的肌肉，原文是位在腰部（lumborum）的方形（quadratus）肌肉，故稱為腰方肌。在骨盆運動與維持脊椎穩定上扮演重要的角色，尤其身體往側邊彎曲再恢復直立時，十分重要。走路時會控制骨盆與脊椎之間的旋轉運動，呼吸時也會幫忙固定第十二對肋骨。

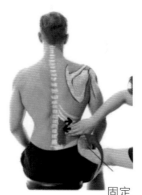

固定

腰方肌為何緊繃？

－久坐導致腰方肌附近的血液流動減少。

－長時間維持單腳支撐體重的姿勢。

－經常有重複提重物等，過度用腰的動作。

－睡在太鬆軟的床舖上。

－癱坐在沙發或汽車座椅上。

－喜歡打高爾夫、騎馬。

與腰方肌有關的疼痛部位

　　腰方肌與第十二對肋骨、骨盆上段、腰椎第 1～3 節相連，與腰痛、脊椎側彎、骨盆歪斜等有密切的關聯性。腳長不對稱、脊椎不正等，都有很高的可能性是腰方肌的問題。此外，由於腰方肌是位在腎臟正後方的肌肉，因此也和腎臟問題有很深的關聯。由於主要干涉脊椎側面屈曲（向側面彎曲、伸展）的運動，故從事騎馬、皮艇、高爾夫等，上下半身動作分離的運動項目者，經常會有腰方肌的問題。

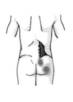

疼痛部位

有效放鬆腰方肌的方法

（1）躺姿放鬆

注意

腰要打直！

1. 向右斜躺在地板上，右手與右邊膝蓋彎曲支撐體重，左邊
   膝蓋跨到右腳大腿上。
2. 右手手肘伸直，並用右腳掌推地板。
3. 專注感覺右腰伸展，維持 15 秒，共做 3 組。

（2）坐姿放鬆 1

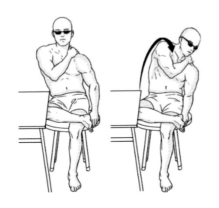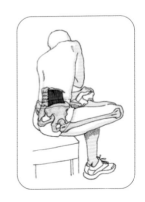

注意

膝蓋與書桌的距離不要太遠！
要選擇高度適中的桌椅來進行這個動作！

1. 將椅子擺在矮桌（或書桌）旁，並坐在椅子上。
2. 右腳跨到左腳膝蓋上，右腳膝蓋放在桌子與椅子之間，膝蓋固定住不要翹起來。
3. 右手抓住左肩，左手抓住椅子固定身體。
4. 腰往左邊膝蓋方向，也就是往對角線方向彎。
5. 專注感覺右腰伸展，維持 15 秒，共重複 3 組。
6. 換邊再做一次。

（3）坐姿放鬆 2

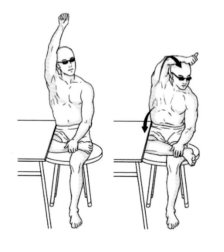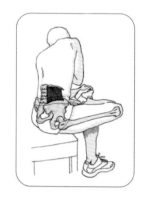

膝蓋與書桌的距離不要太遠！
要選擇高度適中的桌椅來進行這個動作！

1. 將椅子擺在矮桌（或書桌）旁，坐在椅子上並將右腳跨到
   左腳上。右腳膝蓋放在桌子與椅子之間，膝蓋固定住不要
   翹起來。
2. 右手高舉過頭，左手抓住右腳腳踝固定身體。
3. 右手盡量往對角線方向伸直。
4. 專注感覺右腰伸展，維持 15 秒，共重複 3 組。
5. 換邊再做一次。

> 請搭配 176 頁「Draw in 收腹運動」、32 頁「腹式呼吸」、
> 177 頁「膕旁肌按摩」、170 頁「腰部骨盆協調運動」一起進行。

Chapter 4

走路時，
骨盆前側感覺不舒服

髂腰肌
iliopsoas

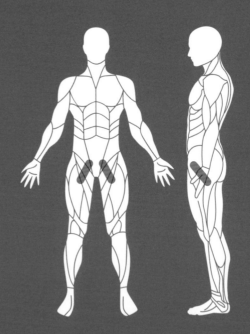

會有這些症狀！

－腹部或上鼠蹊部深處感覺疼痛。
－躺著抬腳時，腰會感到尖銳的疼痛。
－後腰刺痛、大腿前側疼痛。
－髖關節運動不順暢。
－骨盆往側邊歪斜。
－走路時，骨盆前側會有不適感。

一起了解髂腰肌（iliopsoas）！

尋找髂腰肌

髂腰肌位在肚臍與臀部之間，是縱向通過鼠蹊部的肌肉，也可稱為髖屈肌，是由腰大肌（psoas major）與髂肌（iliacus）組成。髂腰肌是最具代表性的腰部肌肉，也是連接腿與骨盆的最強力肌肉。是走路、維持姿勢時的重要肌肉，如果想維持正確姿勢，就必須鍛鍊髂腰肌。在維持腰部穩定、調整骨盆位置上，髂腰肌也都扮演重要的角色。抬腳（髖關節屈曲）、腳向外打開（髖關節外轉）等動作，也都有髂腰肌的參與。

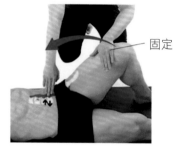

固定

髂腰肌為何緊繃？

－長時間蜷縮著看電視或打電腦。

－如長時間開車等，在坐姿的情況下大量使用單腳。

－過度仰臥起坐。

－在髖關節僵硬的狀態下做劇烈運動。

－有風濕性關節炎與髖關節炎。

－突然勉強自己做平時不做的肌力運動。

與髂腰肌有關的疼痛部位

　　髂腰肌是最可能引發腰部疼痛的肌肉，腰痛時最先要懷疑的肌肉就是髂腰肌。坐式生活中的錯誤習慣、穿高跟鞋導致骨盆歪斜等，都會致使髂腰肌緊繃。髂腰肌若緊繃，疼痛便會從大腿開始一路蔓延至骨盆、恥骨、腰背與臀部周圍。請務必跟著做以下將介紹的，簡易放鬆髂腰肌的方法。

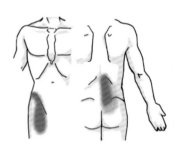

疼痛部位

有效放鬆髂腰肌的方法

（1）地板式

注意

不要過度挺腰，上半身
也不要太往前推！

1. 如圖所示，在瑜伽墊上擺出弓箭步的姿勢，雙手撐在前腳
   膝蓋上。
2. 如果後面那隻腳是左腳，那腳尖就往右，如果是右腳則腳
   尖往左。接著身體往前腳膝蓋方向推。（腰不要彎。）
3. 專注感覺髖關節前側伸展，維持 15 秒，共重複 3 組。
4. 換邊再做一次。

骨盆穩定運動

這個運動可穩定腰部，同時能活絡腿部肌肉與臀部肌肉，能有效減緩腰部疼痛並使骨盆更加穩定。

1. 躺在地板上，雙腳踩在牆上，膝蓋之間夾瑜伽滾輪或捲筒衛生紙。
2. 用雙腳膝蓋壓瑜伽滾輪，如右邊那張照片一樣將臀部抬起來。（臀部要收緊。）
3. 慢慢回到步驟 1 的姿勢。
4. 每組 12 次，共重複 3 組。

> 請搭配 176 頁「Draw in 收腹運動」、32 頁「腹式呼吸」、171 頁「骨盆中立認知運動」及「臀肌活絡運動」一起進行。

Chapter **5**

不過是騎了腳踏車，結果一走動屁股都會痛

臀大肌
gluteus maximus

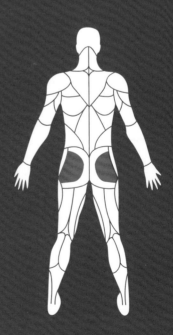

會有這些症狀！

- 走路時骨盆與腰部附近感覺疼痛，坐下之後疼痛便停止。
- 腰左右轉動時會痛，感覺髖關節可動範圍變窄了。
- 移動腳、爬樓梯的時候，臀部都會出現疼痛感。
- 久坐時，臀部與尾椎出現嚴重疼痛。
- 坐久伸懶腰時，會覺得疼痛處不是腰而是臀部。

一起了解臀大肌（gluteus maximus）！

尋找臀大肌

臀部肌肉大致可分為臀大肌、臀中肌與臀小肌三塊，臀大肌是臀部最大塊的肌肉，原文是臀部肌肉（gluteus）與大（maximus）組合而成，故稱為臀大肌。臀大肌廣泛分布在臀部表層，覆蓋在臀中肌之上。坐下起立、跑步、登山時，臀大肌都是運動最劇烈的肌肉，也是雕塑臀部最重要的肌肉。臀大肌也與腰痛有很深的關聯，需多加注意保養。

固定

臀大肌為何緊繃？

－一直重複蜷縮坐著、站起來的動作。

－過度從事舉重或深蹲等運動。

－常游泳或本身就是游泳選手。

－因為跌倒而受到撞擊。

－維持同樣的姿勢長時間久坐。

與臀大肌相關的疼痛部位

臀大肌對挺直腰桿用雙足步行的人類來說，是非常重要的肌肉。腰痛也與臀大肌有很深的關聯性，腰挺不直的人大多都有臀大肌緊繃的問題，臀大肌要是不夠強壯，疼痛就會蔓延到腰與臀部下方。臀大肌也與髖關節、鼠蹊部的疼痛有所關聯。深蹲與騎自行車雖然是強化臀大肌的好運動，但一不小心也可能成為導致臀大肌緊繃的主因。此外，如果運動前後沒有充分暖身、伸展，也可能發生臀大肌緊繃的現象。

如果覺得臀部疼痛，請務必跟著做接下來將介紹的簡易放鬆臀大肌的動作與自助按摩的方法。

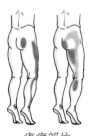

疼痛部位

有效放鬆臀大肌的方法

（1）站姿放鬆

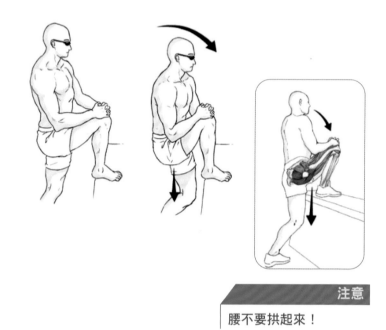

注意

腰不要拱起來！

1. 腳踩在欄杆或是桌子上，膝蓋高舉到胸部的位置，並用雙手抱住膝蓋固定。

2. 彎曲另一隻腳的膝蓋，上半身微微向前彎。

3. 專注感受臀大肌部位伸展，維持 15 秒，共重複 3 組。

4. 換一隻腳再做一次。

（2）臥姿放鬆

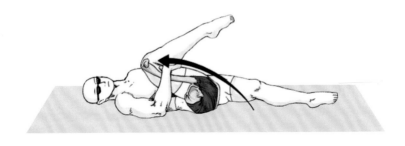

注意

腰不要拱起來、脖子不要彎曲！

1. 仰躺在地板上，雙手抱住大腿後側固定，並將大腿往相反方向的肩膀處拉。

2. 專注感受臀大肌部位伸展，維持 15 秒，共重複 3 組。

3. 換腳再做一次。

腰方肌按摩

腰方肌與阻礙骨盆轉動、骨盆動作有很大的關聯，臀大肌緊繃時，建議搭配腰方肌按摩一起放鬆。

1. 側坐在床鋪或桌子邊緣，如照片所示用按摩球輕輕按壓腰方肌的部位。（準確位置請參考 179 頁。）
2. 按壓時應找到痛點按開。不是用手臂的力量，而要用身體的力量。
3. 只按疼痛的那一側，每組按 30 秒，共重複 3 組。

> 請搭配 171 頁「臀肌活絡運動」、188 頁「骨盆穩定運動」、170 頁「腰部骨盆協調運動」一起進行。

Chapter 6

才踢一下足球，
腰卻痛到連站都有問題

臀中肌
gluteus medius

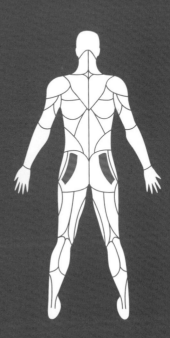

會有這些症狀！

—臀部側面疼痛且緊繃僵硬。
—腰部、骨盆疼痛無法久站。
—走路、跳躍或上樓梯、久坐時，感覺疼痛加劇。
—用會痛的那隻腳站立時，會無法支撐體重、因無力而
　跌倒。

一起了解臀中肌（gluteus medius）！

尋找臀中肌

　　臀中肌是三塊臀部肌肉（臀大肌、臀中肌、臀小肌）之
一，位在臀大肌內。原文是臀部肌肉（gluteus）與中（medius）
組合而成，故稱為臀中肌。臀中肌與臀小肌是髖關節打開時
主要運動的肌肉，也與腰痛有很深的關聯。在髖關節的穩定
上扮演重要的角色，負責髖關節彎曲、伸展等動作，以及內
外轉動等動作。

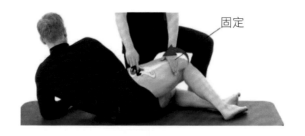

固定

臀中肌為何緊繃？

－從事足球或籃球等，需要髖關節使出爆發力的運動。

－在肌肉柔軟度變差的狀態下快跑。

－兩腳長度不一。

－在不平的地面上走或跑。

與臀中肌有關的疼痛部位

　　臀中肌位在脊椎底部，是幫助髖關節穩定最重要的肌肉。單腳站立保持平衡時，臀中肌是最關鍵的一塊肌肉，會對走路造成很大的影響。臀中肌緊繃或變得脆弱會使髖關節變得不穩定，也會增加周遭肌肉的負擔，進而使整體骨盆平衡被破壞。所以臀中肌一旦出現異常，不僅會使臀部疼痛，腰部、膝蓋也會跟著出現疼痛。

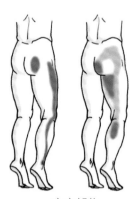

疼痛部位

有效放鬆臀中肌的方法

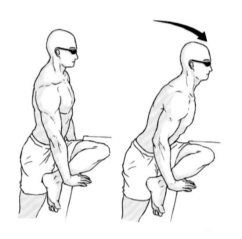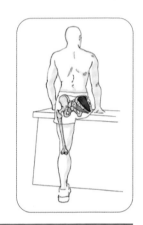

注意

腰向前彎的時候不要拱起來！

1. 單腳抬起放在桌子或椅子上，如圖所示將膝蓋彎曲。（如果高度比骨盆低，可將枕頭或毛巾捲起來墊在膝蓋下方。）
2. 腰打直並向前彎。
3. 專注感受臀部外側深處部位伸展，維持 15 秒，共重複 3 組。
4. 換邊再做一次。

請搭配 171 頁「臀肌活絡運動」、188 頁「骨盆穩定運動」、170 頁「腰部骨盆協調運動」一起進行。

Chapter 7

臀部麻麻的，
走路都會外八

梨狀肌
piriformis

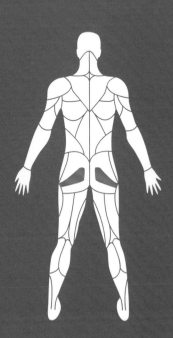

- 坐下、跑跳或爬樓梯時，臀部感到劇烈疼痛。
- 靜止不動時，臀部也會有痠麻感，或皮膚出現針扎般的刺痛感。
- 從臀部沿著大腿後方一直痛到腳掌，坐久了疼痛會更嚴重。
- 髖關節運動範圍變窄。
- 原本沒有這個問題，但不知從何時起走路開始外八。
- 無法坐在同一個地方超過 1 小時，盤腿時會不舒服。

一起了解梨狀肌（piriformis）！

尋找梨狀

　　梨狀肌連接臀部與腿，肌是抓住髖關節的臀部肌肉。原文是梨子（pirum）形狀（forma）的肌肉，故稱為梨狀肌。主要參與髖關節往側面轉（外轉，lateral rotation）、往外迴轉、打開大腿等運動。是走路時負責固定臀部、使骨盆穩定的重要肌肉。

固定

梨狀肌為何緊繃？

－臀部有遭鈍器擊打的外傷。

－用不良姿勢長時間久坐。（例如：盤腿坐。）

－走在傾斜的路面上。

－在要跌倒的瞬間撐著不讓自己跌倒。

－長時間開車，腳一直踩在汽車踏板上。

與梨狀肌有關的疼痛部位

　　梨狀肌是引發梨狀肌症候群（piriformis syndrome）的肌肉。梨狀肌症候群是使梨狀肌緊繃僵硬、發炎，進而壓迫到坐骨神經的症狀。雙腿容易痠麻、浮腫，坐姿或深蹲時疼痛尤其嚴重，更可能引發性功能障礙。梨狀肌症候群會使人不易盤腿，無法在同一個地方坐超過 1 小時。疼痛從臀部開始，沿著大腿後方往下蔓延的症狀與腰椎間盤類似，若有這些症狀，首先應該先嘗試以下的動作。

疼痛部位

有效放鬆梨狀肌的方法

（1）坐姿放鬆

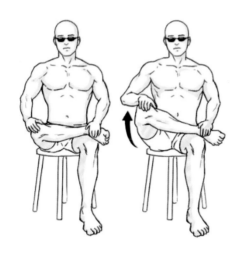

腰必須打直！

1. 如圖所示坐在椅子上，右腳抬起架在左腳膝蓋上。

2. 右手抓著右腳膝蓋，左手抓著右腳腳踝固定住。

3. 右手抓著右腳膝蓋抬起。

4. 專注感受臀部深處伸展，維持 15 秒，重複 3 組。

5. 換腳再做一次。

（2）站姿放鬆

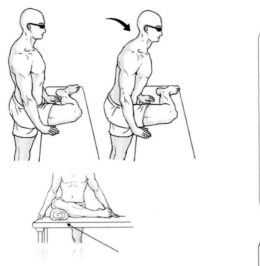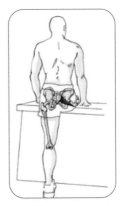

注意

腰不要拱起來！

1. 如圖所示，右腳跨在欄杆或桌子上，在腰打直的狀態下身體向前彎。（欄杆高度若比骨盆低，則可用毛巾或枕頭捲起來墊在膝蓋下。）
2. 專注感受臀部深處伸展，維持 15 秒，共重複 3 組。
3. 換邊再做一次。

請搭配 171 頁「臀肌活絡運動」、188 頁「骨盆穩定運動」、170 頁「腰部骨盆協調運動」一起進行。

Chapter 8

從坐姿起身時，膝蓋伸不直

闊筋膜張肌
tensor fasciae latae

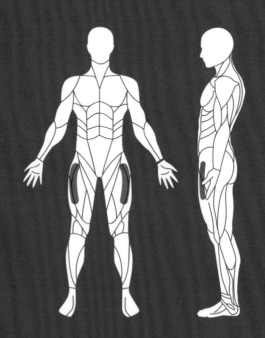

會有這些症狀！

- 從大腿外側往下的髖關節深處感覺疼痛。
- 髖關節前側疼痛。
- 坐著時感覺骨盆不適。
- 從坐姿起身時，膝蓋會呈現彎曲狀態，膝蓋完全伸直時，會感覺僵硬，同時感到疼痛湧現。
- 站直或腳伸直時膝蓋仍會呈現彎曲狀態。

一起了解闊筋膜張肌（tensor fasciae latae）！

尋找闊筋膜張肌

　　闊筋膜張肌是貼在大腿外側的大肌肉，與髂脛束相連，也可稱為腸脛束。負責髖關節屈曲（向前彎折）、外轉（向外轉）及內轉（向內轉）等運動，並協助髂脛束屈伸膝蓋，也參與穩定膝蓋、走路跑步等動作。單腳站立時，闊筋膜張肌也會幫助維持骨盆穩定。

固定

闊筋膜張肌為何緊繃？

－在不平的地面上跑步。

－騎腳踏車時踏板踩得太用力。

－走路時腳掌或腳趾向內（內八字）。

－習慣蜷縮著身體睡覺。

－穿已磨損的鞋子。

－腳踝本來就比較脆弱。

與闊筋膜張肌有關的疼痛部位

　　闊筋膜張肌是負責穩定骨盆的重要肌肉，參與走路、跑步、彎腰、膝蓋彎曲等，許多下半身運動。通常闊筋膜張肌的問題，都是出自太過活化，而不是肌肉太過脆弱。闊筋膜張肌過度活化會導致膝蓋疼痛，更可能演變成退化性關節炎。此外，闊筋膜張肌縮短或鬆弛也會使步行出現問題，進而導致單腳站立時支持髖關節與膝蓋的能力變差。希望各位可透過下頁介紹的動作，放鬆大腿緊繃的闊筋膜張肌。

疼痛部位

有效放鬆闊筋膜張肌的方法

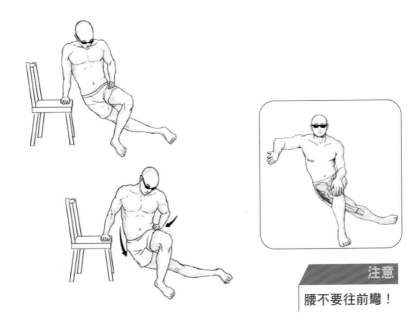

注意
腰不要往前彎！

1. 單手撐住椅子固定姿勢。
2. 如圖所示，單腳膝蓋彎曲，另一隻腳則從彎曲腳的下方推出去伸直。
3. 另一隻手扶住骨盆按壓，盡量將骨盆往下推開。
4. 專注感覺骨盆外側伸展，維持 15 秒，共重複 3 組。
5. 換邊再做一次。

骨盆脊椎穩定與協調運動

　　這個運動可維持腹部壓力，控制腰部產生的多餘力量，對骨盆不均衡的人來說十分有效。

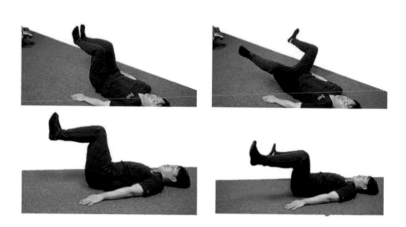

1. 躺在地板上，雙腳膝蓋抬起並彎曲，與髖關節成 90 度。
2. 慢慢將骨盆打開。（這時候膝蓋與髖關節的角度仍要維持 90 度。）
3. 注意腰不要過度抬起或拱起，腳慢慢打開再併攏。
4. 每一組 12 次，共重複 3 組。

請搭配 171 頁「臀肌活絡運動」、170 頁「腰部骨盆協調運動」一起進行。

Chapter 9

想併攏雙腿，但膝蓋會痛

內收肌
adductor

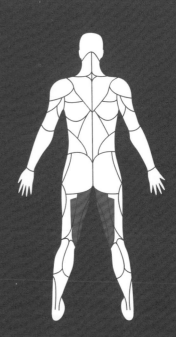

－疼痛從鼠蹊部延伸到膝蓋。
－用力想併攏雙腿時，疼痛會加劇。
－膝蓋內側疼痛。
－走路時呈現 O 型腿。

一起了解內收肌（adductor）！

尋找內收肌

內收肌位在大腿內側，從靠近鼠蹊部的位置延伸至膝蓋，通常是指分布在這一帶的肌肉。內收肌由大收肌、長收肌、短收肌組成，原文是由往內（ad）與拉（ducere）組成，只要記得原文的意思，就能夠輕鬆記住內收肌的功能。也就是說，內收肌的主要功能，就是負責讓髖關節往內收攏。雖然長收肌與短收肌主要負責髖關節彎折，不過從大方向來看，都是負責讓髖關節往內收攏的肌肉。

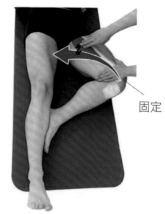

固定

內收肌為何緊繃？

－雙腳大大張開且使力撐住。

－長時間騎自行車。

－騎馬時腳過度收攏、用力。

－在冰面上用力保持平衡，不讓自己滑倒。

－平時就會翹腿坐。

與內收肌有關的疼痛部位

內收肌是讓腳往內收的重要肌肉。坐著的時候習慣大腿內側用力、雙腳往內收緊，或是維持雙腳大開的姿勢等，都容易造成內收肌緊繃。如果為了瘦大腿內側而用錯誤的姿勢運動，內收肌也會立刻感到疼痛。

內收肌緊繃會使大腿內側不適、僵硬，難以從事如深蹲等運動，嚴重的話疼痛會蔓延至鼠蹊部、膝蓋，甚至向下延伸至小腿內側，連走路都會出問題。希望各位能用下頁介紹的動作，維持內收肌健康。

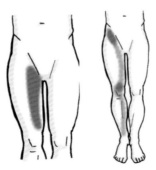

疼痛部位

有效放鬆內收肌的方法

（1）臥姿放鬆

注意

骨盆不要移動！

1. 躺在地板上，如圖所示單腳膝蓋彎曲靠在門邊固定。
2. 疼痛腳完全伸直，慢慢把腳往外打開。
3. 專注感受內收肌伸展，維持 15 秒，共做 3 組。
4. 換腳再做一次。

（2）站姿放鬆

注意

腰不要拱起來！

1. 找一張高度適中的椅子或利用階梯進行。站好並讓腳趾朝前，接著將疼痛腳抬起來跨在椅子或階梯上。
2. 腰挺直，身體慢慢向前彎。
3. 專注感受內收肌部位伸展，維持 15 秒，重複 3 組。
4. 換邊再做一次。

髂腰肌按摩

　　髂腰肌貼著腰骨與腿，是大幅參與腰部與骨盆運動的肌肉。如果能在伸展內收肌時，搭配髂腰肌按摩，腰部與骨盆的動作就會更順暢。

1. 坐在床鋪或矮桌旁邊，將按摩球壓在腹部與床或矮桌中間。
2. 肚臍右側下方 1 公分處為髂腰肌的位置，找到特別緊繃的部位後慢慢按壓放鬆。
3. 每次按 30 秒，共重複 3 組，只需要按摩疼痛側即可。

> 請搭配 194 頁「腰方肌按摩」、170 頁「腰部骨盆協調運動」一起進行。

PART 6
活出充滿活力的百歲人生！
膝蓋 & 大腿

認識 PART6 的基礎用語

· **小腿肚**：膝蓋與腳踝之間，位於身體背面的肌肉。

· **臀部關節（髖關節）彎曲（屈曲，flexion）**：腿抬起，髖關節往前彎曲的動作。

· **臀部關節（髖關節）側外旋（lateral rotation）**：腿往外轉，髖關節向外轉的動作。

· **臀部關節（髖關節）外展（abduction）**：腿往外打開的動作。

· **膝關節內旋（medial rotation）**：膝蓋彎曲時，讓鎖住的膝蓋關節像螺絲一樣鬆開的動作。

Chapter 1

上下樓梯時膝蓋會痛，
上了年紀都會這樣嗎？

股四頭肌
quadriceps femoris

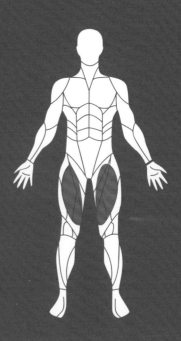

會有這些症狀！

－膝蓋內側、大腿下方疼痛。
－走在凹凸不平的路面上時，膝蓋會痛。
－大腿外側疼痛。
－睡覺側躺時，膝蓋會痛。
－走路、跑步時，大腿會痛。
－上樓梯或爬上坡時，膝蓋會痛。
－膝蓋完全伸直時，膝蓋疼痛加劇。
－膝蓋難以完全彎曲。

一起了解股四頭肌（quadriceps femoris）！

尋找股四頭肌

　　股四頭肌是位在大腿的四條肌肉總稱，分別是股直肌（rectus femoris）、股內側肌（內側廣肌，vastus medialis）、股外側肌（外側廣肌，vastus lateralis）與股中間肌（中間廣肌，vastus intermedius），也可稱為大腿股四頭肌。原文意為「有四個（quadri）頭（caput）的大腿（femoris）肌肉」。除了股直肌之外，其他三條肌肉（廣肌）都只有通過膝蓋關節，所以主要參與膝關節的運動。也就是內側廣肌、外側廣肌、中間廣肌負責膝蓋屈伸的重要工作。其中腿直肌正下方的中間廣肌雖然不大，卻是斜向包覆膝蓋，在膝蓋打直等動作中是非常重要的肌肉。

固定

　　股直肌則通過臀部關節與膝關節，不僅參與膝蓋運動，也參與大腿和骨盆的運動。

股四頭肌為何緊繃？

（1）內側廣肌（股內側肌）

　　長時間跪坐。

　　腳踝嚴重向內歪（內八字）。

　　雙腳長度不同，較短的那隻腳負荷較大。

（2）外側廣肌（股外側肌）

　　膝蓋外側受到直接的撞擊。

　　長時間伸直膝蓋坐著。

　　滑雪時雙腳收攏。

（3）中間廣肌（股中間肌）

　　膝蓋受傷。

　　長時間穿高跟鞋。

　　膝蓋肌肉不均衡。

（4）腿直肌（大腿直肌）

　　長時間把重物放在大腿上

　　剛做完膝蓋手術沒多久

　　長時間坐在同一個位置。

與股四頭肌相關的疼痛部位

　　構成股四頭肌的四條肌肉，不僅是穩定膝蓋的重要角色，同時在跑步、跳躍、踢球等，需要發揮強大力量的運動中也不可或缺。但這些肌肉也是過度或以錯誤姿勢運動時，容易緊繃的肌肉，也與膝蓋疼痛有關，故運動後務必好好放鬆。

　　近年越來越多人愛宅在家，在活動量不足的情況下，股四頭肌有退化的風險。如果已經到了肌肉會退化的年齡，那就更需要注意這點。一有時間就做下頁介紹的動作，不僅能解決股四頭肌緊繃的問題，更可有效幫助保護膝蓋健康。

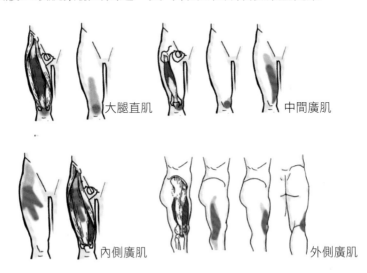

大腿直肌　　　　　　　　　　　中間廣肌

內側廣肌　　　　　　　　　　　外側廣肌

紅色區塊表示疼痛部位

有效放鬆股四頭肌的方法

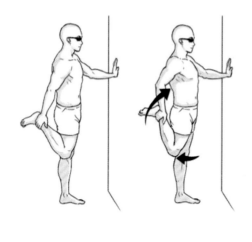

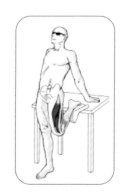

注意

腰不要往前彎或往後仰！

1. 左手撐住牆壁或柱子，右手抱住右腳腳踝並往後拉。（注意腰不要彎曲，只有膝蓋往後移動，這樣肌肉才會伸展。）
2. 專注感受股四頭肌伸展，維持 15 秒，重複 3 組。
3. 換邊再做一次。

Q Setting 運動

　　這個運動是感受膝蓋骨（膝蓋中央突起的骨頭）的活動，同時活絡股四頭肌，稱之為「Q Setting 運動」。可以讓僵硬的膝蓋動作變得更順暢，也能重塑萎縮的股四頭肌肌纖維。尤其對下肢肌肉發展不均衡的人來說，是非常有效的運動。

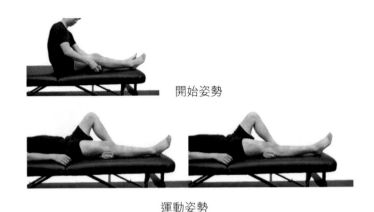

開始姿勢

運動姿勢

1. 將毛巾墊在疼痛側的膝蓋下方後躺下。
2. 想著用腳壓著毛巾並收縮大腿肌肉。
3. 壓住毛巾 6 秒後慢慢放掉力氣。
4. 僅就疼痛那一側進行這個運動，每組 12 次，共重複 3 組。

TKC 運動

TKC 運動是利用彈力帶的自體阻力抵抗運動,能有效提升膝蓋的穩定度。

開始姿勢

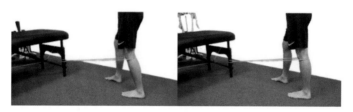

運動姿勢

1. 彈力帶的一邊綁在椅子或床鋪上,另一邊則綁在疼痛腳的膝蓋後側。
2. 採弓箭步姿,綁著彈力帶的那隻腳站在後面,慢慢彎曲再伸直。(感覺彈力帶的抵抗感。)
3. 僅就疼痛的那一側進行運動,每組 12 次,共重複 3 組。

彈力帶深蹲

　　彈力帶深蹲是能大幅增進膝關節穩定的運動，可有效增強「腹部－臀部－股四頭肌－小腿肌肉」這一連串肌筋膜的肌力。

1. 彈力帶綁在兩側膝蓋上，雙手放在髖關節的位置上，腰挺直後身體慢慢向前彎。
2. 這時膝蓋不要往內縮，臀部要持續用力。
3. 讓膝蓋和腳尖成一直線，並重複步驟 1 和 2。
4. 每組 12 次，共重複 3 組。

Chapter 2

起身時一定要扶著才行，
甚至會痛到跛腳

股二頭肌
biceps femoris

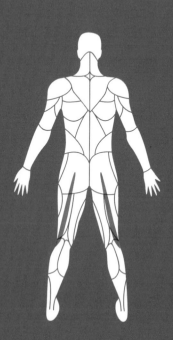

- 膝蓋後方大腿外側部位感覺疼痛。
- 膝蓋伸直走路時，膝蓋後方感覺拉扯與痠麻。
- 從坐姿起立時，手一定要扶著哪個地方。
- 有時候膝蓋會痛到要跛腳走路。
- 熱敷時疼痛會暫時緩解，但過一段時間之後又再次感到疼痛。

一起了解股二頭肌（biceps femoris）！

尋找股二頭肌

　　股二頭肌是擁有兩個頭（biceps）的大腿（femoris）肌肉，也可稱為大腿股二頭肌。這裡的二頭是指長頭（long head）與短頭（short head），這兩條肌肉在膝蓋上匯集，沿著膝關節後外側向下延伸至小腿骨上方。大腿後側的三塊肌肉上方有膕旁肌（hamstring），其中股二頭肌的比重最大，所以一般都會把股二頭肌與膕旁肌視為同一塊肌肉。股二頭肌主要的工作包括：膝關節屈曲（向前彎曲）、髖關節伸展（向後仰）、小腿外旋。

股二頭肌為何緊繃？

－從事類似短距離賽跑等，突然全力衝刺的運動。

－過度伸展大腿後方。

－長時間坐在腳碰不到的高腳椅上。

－長時間在膝蓋下方墊枕頭睡覺。

與股二頭肌有關的疼痛部位

　　股二頭肌會與股四頭肌合作，維持身體的前後平衡。組成膕旁肌的肌肉有很大一部分是股二頭肌，所以股二頭肌一旦緊繃，膕旁肌的負荷就會增加，更進一步會引發髖關節穩定度的問題，進而導致跛腳。主要的疼痛會出現在臀部、大腿後側，以及後膝內側。

疼痛部位

有效放鬆股二頭肌的方法

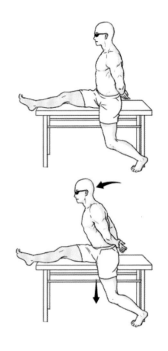

注意

腰不要拱起來！

1. 雙手背在背後，單腳放到桌子上。

2. 腰挺直，上半身慢慢向前彎，同時另一隻腳的膝蓋微微彎曲。

3. 專注感受股二頭肌部位伸展，維持 15 秒，共重複 3 組。

4. 換邊再做一次。

小腿按摩

　　股二頭肌緊繃時，與其相連的小腿肌肉也必須一起放鬆。這樣下半身肌肉才能達到平衡，下半身後側也才能維持穩定。

1. 如照片所示坐在椅子上，單腳翹起來放在另一隻腳的膝蓋上。
2. 雙手做出夾子的形狀，放在小腿骨內側，然後由上往下輕輕揉捏。
3. 不要用力按壓，慢慢的輕輕的拉扯肌肉。
4. 每組 20 秒，共做 3 組。換腳再做一次。

大腿等長運動

　　這個運動可活絡內側廣肌、外側廣肌，也能夠穩定膝蓋骨，減少膕旁肌承受的壓力。

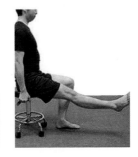

1. 坐在椅子上，單腳完全伸直。
2. 膝蓋伸直的那隻腳向外轉。
3. 在腳向外轉的狀態下慢慢將腳抬起來，集中施力在膝蓋內側。
4. 只有疼痛的那隻腳做，每組 12 次，共做 3 組。

Chapter 3

我只是跟著影片跳舞，結果竟然無法盤腿

縫匠肌
sartorius

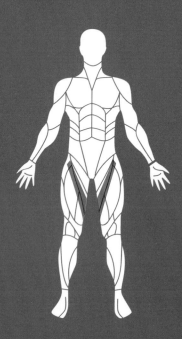

─如燃燒般的疼痛沿著大腿前側延伸到膝蓋內側。
─偶爾會覺得皮膚下方很癢。
─膝蓋內側有劇烈疼痛且十分敏感。
─盤腿坐著時，會感受到大腿與膝蓋刺痛。

一起了解縫匠肌（sartorius）！

尋找縫匠肌

縫匠肌是一條從髖關節穿過大腿內側，一直延伸到膝關節下方的帶狀肌肉，也是人體中最長的肌肉。原文是從拉丁文的裁縫師（sartori）衍生而來，代表這條肌肉是在用腳操作裁縫機時，最常使用的肌肉。縫匠肌參與臀部關節（髖關節）與膝關節的運動，在臀部關節彎曲、外旋、外轉，以及膝關節彎曲、內旋等動作中，縫匠肌都擔任十分重要的角色。走路、跑步時，縫匠肌會幫忙把腳往前帶，雙腳疊在一起時，也會動到縫匠肌。縫匠肌的肌肉纖維平行排列，少有結締組織。也因為容易被刺激，所以在用青蛙等動物做的實驗中，縫匠肌正是經常被取出體外的肌肉。

固定

縫匠肌為何緊繃？

－從事足球、游泳、跳舞等，需大量動到膝蓋與髖關節的運
　動。

－腳長時間呈現 W 字型或盤腿坐在地板上。

－長時間翹腳坐在椅子上。

－穿緊身束衣或合身內衣。

－整天都站著工作。

與縫匠肌有關的疼痛部位

　　縫匠肌緊繃時，首先大腿會像是被針刺或火燒般疼痛，
這種疼痛會沿著大腿內側延伸到膝蓋內側。盤腿、踢毽子等
姿勢會使縫匠肌變短，也會導致疼痛。如果是這種情況，大
腿內側就特別容易在從坐姿起立時，產生刺痛感，這也是抱
小孩時，必須讓小孩雙腳併攏的原因。

　　曾有新聞報導某偶像女團團員受了名叫「縫匠肌變形」
的傷，縫匠肌也因此廣受大眾矚目。對於經常用到骨盆、臀
部關節、膝蓋關節等下半身部位，再加上要穿著高跟鞋跳激
烈舞蹈的偶像團體來說，縫匠肌非常容易緊繃，若不好好放
鬆的確很可能發炎。

疼痛部位

有效放鬆縫匠肌的方法

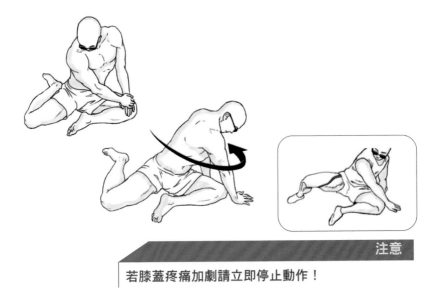

注意

若膝蓋疼痛加劇請立即停止動作！

1. 單腳往後勾，另外一隻腳在身前折起，雙手撐在前面那隻腳的膝蓋上。
2. 雙手挪到膝蓋外側，手掌撐在地板上，身體往手掌的方向轉。
3. 專注感受縫匠肌伸展，維持 15 秒，共做 3 組。
4. 換邊再做一次。

請搭配 208 頁「骨盆脊椎穩定與協調運動」、171 頁「臀肌活絡運動」、170 頁「腰部骨盆協調運動」一起進行。

Chapter 4

沒想到膝蓋刺痛
竟然會這麼難受

膕肌
popliteus

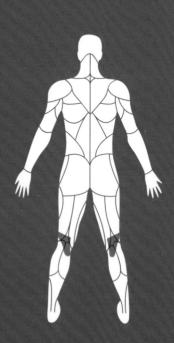

會有這些症狀！

─膝蓋完全伸直時後方會疼痛，彎曲時疼痛加劇。

─按壓膝窩會出現嚴重的壓痛。

─感覺膝蓋變脆弱，並且一直發出咔咔的聲音。

─跑步、走路時，膝蓋會痛，尤其上下樓梯時，膝蓋後方更痛。

─坐下起立時，只要膝蓋彎曲、伸直，膝蓋外側就會痛。

一起了解膕肌（popliteus）！

尋找膕肌

膕肌是位在身體後方小腿處的三角形肌肉，就是膝蓋彎曲後出現的凹陷處，即膝窩（poples）的地方。雖然不長，卻是負責膝關節彎曲（flexion）、內轉（medial rotation）等重要工作的肌肉。想彎曲膝蓋時，這條肌肉就會像螺絲一樣成為膝蓋的鎖定裝置，可以說是像鑰匙一樣的肌肉。走路、跑步時，調整速度也是膕肌的主要功能之一。長時間維持蜷縮姿勢、跑下斜坡都可能導致膕肌緊繃，必須多加注意。

固定

膕肌為何緊繃？

－從事跑步、踢足球、騎自行車等，過度使用膝蓋的運動。
－伸展時做過度彎折膝蓋的動作。
－長時間以蜷縮姿勢坐著。
－後方十字韌帶破裂。

與膕肌有關的疼痛部位

　　膕肌緊繃會使膝蓋後方膝窩這個部位疼痛，按壓膝窩時，會出現強烈的壓痛感。股二頭肌（膕旁肌）疼痛與膕肌疼痛經常伴隨發生，膝蓋伸直時疼痛會加劇，也會使膕旁肌變得緊繃，下樓梯、下山坡時，膝蓋也可能會痛。縮著身體坐著從事農活、坐著販售物品的商人，都必須多加注意膕肌這塊肌肉。如果是遭遇交通事故導致十字韌帶破裂，也很有可能造成膕肌損傷，經常跑步過度使用膕肌，也常會造成這個部位出問題。

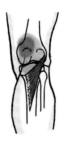

疼痛部位

有效放鬆膕肌的方法

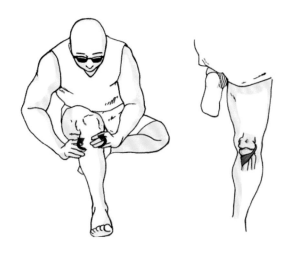

注意

按壓不要太用力！（要、輕、輕、的。）

1. 坐在地板上，雙手握住有緊繃感的小腿，用大拇指輕輕按
   壓膝蓋後方內凹的空間。

2. 感覺放鬆到一定程度後，接著放鬆下方的脛骨。

3. 每組 20 秒，共重複 3 組，按摩到疼痛完全消失。

請搭配 231 頁「大腿等長運動」、224 頁「TKC 運動」一起進行。

PART 7

我的體重就交給你了
腳踝 & 腳趾

認識 PART7 的基礎用語

- **蹠屈（plantar flexion）**：足跟向後抬起，腳趾向下壓的動作。
- **背屈（dorsiflexion）**：足跟向下壓，腳趾向上勾的動作。
- **外翻（eversion）**：腳從小腳趾的方向往外翻的動作。
- **內翻（inversion）**：腳從小腳趾的方向往內翻的動作。

Chapter 1

腳踝太脆弱，老是扭到

腓肌
peroneus

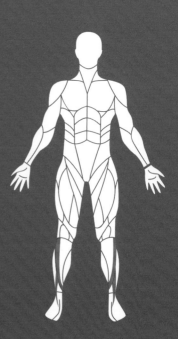

會有這些症狀！

－腳踝的踝骨後方疼痛。
－腳踝不穩定，經常扭到。
－不太能踮腳站。
－足跟到小腿都會痛。

一起了解腓肌（peroneus）！

尋找腓肌

　　腓肌是小腿肌肉，分為腓骨長肌、腓骨短肌及第三腓骨肌。腓肌屬於小腿肌，組成分別為腓骨長肌（peroneus longus）、腓骨短肌（peroneus brevis）、第三腓骨肌（peroneus tertius）。腓骨長肌從小腿側面開始一直延伸到大腳趾，腓骨短肌則從靠近腳踝的小腿側面開始延伸到小腳趾。第三腓骨肌位在腓骨短肌與腓骨長肌之間，同樣延伸到小腳趾。腓骨長、短肌主要負責足跟向後抬的動作（蹠屈），以及腳掌從小腳趾的方向往外轉的動作（外翻）。第三腓骨肌則相反，負責腳掌向上勾起的動作（背屈）。也就是說，讓腳不會往內外傾斜，得以維持平衡的工作都由腓肌負責。以下主要針對腓骨長肌與腓骨短肌進行介紹。

腓骨長肌　　腓骨短肌

腓骨長、短肌為何緊繃？

－經常盤腿坐。

－喜歡穿高跟鞋。

－扁平足。

－腳踝往內扭。

－腳踝長時間打石膏。

與腓骨長、短肌相關的疼痛部位

　　腓肌是負責腿部平衡的肌肉，若這塊肌肉出問題，腳踝就會變得不穩定，也難以用單腳維持身體平衡。在這種情況下腳踝可能習慣性扭傷，主要的症狀都是腳踝內彎。腓肌緊繃時，疼痛不僅會出現在小腿側面，也可能發生在腳踝與腳背。尤其腳踝後方的踝骨附近若感到疼痛，請優先放鬆腓肌。若能配合下頁介紹的動作放鬆腓肌，腳踝疼痛的問題將會跟著消失喔。

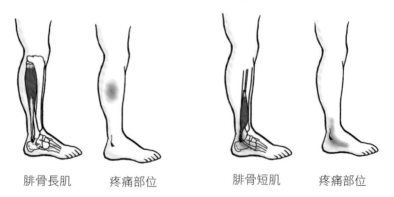

腓骨長肌　　疼痛部位　　　　腓骨短肌　　疼痛部位

有效放鬆腓骨長、短肌的方法

注意

膝蓋不要彎曲！

1. 坐在地板上，左腳膝蓋往內折並用右腳壓住固定。
2. 毛巾繞過右腳底、雙手拉住毛巾，將腳背往身體方向拉。
3. 專注感受腳踝外側伸展，維持 15 秒，重複 3 組。
4. 換邊再做一次。

腳趾深層肌肉活絡運動

　　腓肌不夠強壯，會使腳趾肌肉與腳掌深處的肌肉跟著變弱，建議在做膕肌伸展之前先做這個運動。

1. 坐在地板上，腳掌貼著地板。
2. 腳趾全部往上抬起，然後再全部收緊。
3. 兩腳一起進行，每組 12 次，共做 3 組。

腳踝神經根強化運動

這個運動能夠強化腳踝神經根，幫助腓肌恢復正常功能。

1. 站在墊子上，將彈力帶踩在腳下。
2. 單腳固定，另一隻腳抬起並向外轉。
3. 重複這個過程，每組 12 次，共做 3 組。
4. 換腳再做一次。

腳踝動作穩定運動

這個運動能夠提升腳踝四周肌肉的協調性，有助腳踝肌肉恢復平衡。

1. 拿兩本很厚的書放在地上，骨盆與腰打直，用腳掌前端站在書本上。
2. 重複上下書本的動作，注意腳踝不要往下墜。
3. 每組 12 次，共重複 3 組。

Chapter **2**

步伐拖拖拉拉……
走路很不自然

脛前肌
tibialis anterior

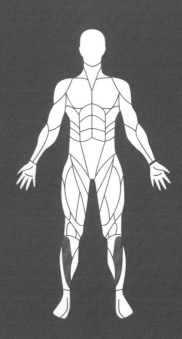

－腳趾與腳踝向上勾起時，小腿會感到嚴重疼痛。
－爬上坡時，腳踝與小腿會湧現劇烈疼痛。
－除了小腿與腳踝之外，大拇趾也會疼痛。
－腳踝上下移動時，感覺不太順暢。
－腳踝不太能往上抬，走路時總是拖著腳或腳抬不高。

一起了解脛前肌（tibialis anterior）！

尋找脛前肌

　　脛前肌是從小腿正面延伸到腳掌內側的長型肌肉。從原文來看是在前面的（anterior）小腿骨（tibialis）之意，故稱為脛前肌。足跟下壓腳趾向上勾起（背屈）、腳往小腳趾方向往內翻（內翻），以及腳併攏等動作，都有這條肌肉的參與。簡單來說，脛前肌就是我們走路、跑步時，讓腳踝前後彎折、左右旋轉，並維持雙腳平衡的重要肌肉。

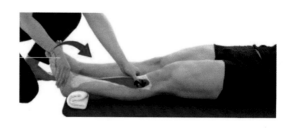

脛前肌為何緊繃？

－爬上坡時，腳抬得比平常高。

－用跑的下坡。

－沒有充分暖身就長時間跑步或走路。

－長時間穿高跟鞋。

與脛前肌相關的疼痛部位

　　脛前肌緊繃，疼痛會從膝蓋下方開始延伸至腳踝與腳趾。疼痛主要集中在小腿前側，不過腳踝內側與大腳趾也可能會感到疼痛。尤其踮腳尖的動作會拉扯到小腿前側，在爬高度與樓梯類似的斜坡時，可能會使小腿感到疼痛。脛前肌緊繃會導致抬腳不太方便，走路時容易腳抬不高、拖著步伐前進。希望各位透過下頁介紹的動作，維護自己的脛前肌健康。

脛前肌　　　　　疼痛部位

有效放鬆脛前肌的方法

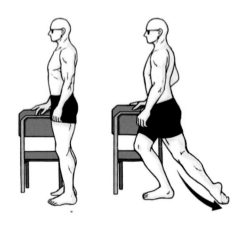

注意

前面的膝蓋不要過度前傾！

1. 單手撐著椅子，雙腳張開與肩同寬。

2. 腰打直，並把疼痛的那隻腳往後伸出去。前面的那隻腳膝蓋彎曲，把體重放在後面那隻腳與撐著椅子的手上。

3. 專注感受後腳的小腿前側伸展，維持 15 秒，共重複 3 組。

4. 換邊再做一次。

> 請搭配 245 頁「腳趾深層肌肉活絡運動」、
> 246 頁「腳踝神經根強化運動」一起進行。

Chapter 3

稍微走點路，
從小腿肚到腳底都很痛

脛後肌
tibialis posterior

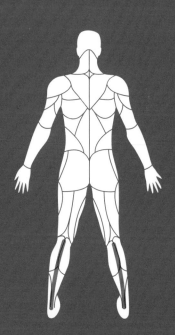

會有這些症狀！

- 走路或站久了，就會感覺疼痛從小腿後側蔓延 至腳底。
- 足弓變得不明顯，感覺自己變得像扁平足。
- 抬起足跟就覺得痛。

一起了解脛後肌（tibialis posterior）！

尋找脛後肌

　　如果說從小腿前側延伸到腳掌內側的肌肉稱為脛前肌，那麼脛後肌就是在小腿後側，也就是位在小腿肚的肌肉。從脛骨後面開始，穿過阿基里斯腱與踝骨之間一直延伸到腳底。原文是在後方的（posterior）小腿骨（tibialis）之意，故稱為脛後肌。脛前肌與脛後肌都是走路、跑步時，會發揮重要功能的肌肉，尤其脛後肌參與蹠屈，也就是足跟向後抬起腳趾向下壓的動作，具有走路時，讓腳掌維持拱形的重要功能。

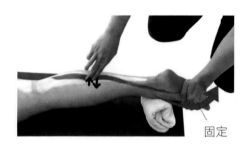

固定

脛後肌為何緊繃？

－腳踩空跌倒。

－過度使用腳踝。

－沒有充分暖身就從事籃球、登山、爬樓梯等，加重腳踝負擔的運動。

與脛後肌有關的疼痛部位

　　脛後肌緊繃會使脛後肌所在的小腿肚疼痛，也可能蔓延到阿基里斯腱、腳踝與腳掌。尤其走路時，脛後肌是幫助腳底維持拱形的重要肌肉，一旦緊繃或出現異常，就可能導致這個功能出現問題，進而加重阿基里斯腱與腳踝的負擔，嚴重的話更可能成為足底筋膜炎（靠近足跟的腳掌疼痛）的原因。在變嚴重之前，希望各位能用下一頁介紹的動作隨時放鬆脛後肌。

脛後肌　　　　　　疼痛部位

有效放鬆脛後肌的方法

1. 把毛巾墊在膝蓋下方，並坐在地板上。
2. 用另一條毛巾繞過疼痛腳的腳底，如圖往小趾的方向拉。
3. 專注感受小腿內側肌肉伸展，維持 15 秒，共做 3 組。

膕旁肌伸展

　　就神經系統來說，脛後肌與膕旁肌是連動的，所以常會發生兩塊肌肉一起緊繃的狀況。在放鬆脛後肌的時候，也請一併放鬆膕旁肌。

1. 坐在椅子上，兩手扶著椅子固定身體。
2. 腰打直後將疼痛的那隻腳伸直。
3. 腳踝往內轉，然後再慢慢往外轉，重複這個動作。
4. 每組 12 次，共重複 3 組。

請搭配 177 頁「膕旁肌按摩」一起進行。

Chapter 4

睡覺時小腿肚經常抽筋

腓腸肌
gastrocnemius

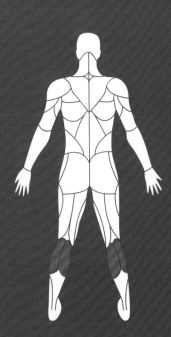

會有這些症狀！

－小腿後方突然感到疼痛。
－用腳尖站立時，小腿疼痛加劇且難以忍受。
－腳踩壓礦泉水瓶或鋁罐時，疼痛會加劇。
－經常睡到半夜，因小腿肚抽筋而痛醒。

一起了解腓腸肌（gastrocnemius）！

尋找腓腸肌（小腿肚）

　　腓腸肌位在小腿後方，由兩條肌肉組成，也可稱為小腿肚肌，原文是位在小腿（knemen）的肌肉（gaster）之意。小腿肚則是小腿後方那塊突起的肉。腓腸肌同時通過膝關節與踝關節，下一章將介紹的比目魚肌則只有通過踝關節。也就是說，在膝關節彎曲時，是比目魚肌伸展，膝關節伸直時，則是腓腸肌伸展。腓腸肌主要負責抬起足跟、彎曲膝蓋等工作，主導跑、跳等運動。尤其需要快速動作的短跑、跳躍等，腓腸肌都扮演重要的角色。腓腸肌與膕旁肌相連，小腿抽筋時，就是腓腸肌在抽筋。

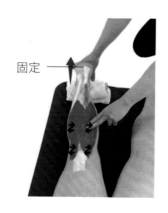

固定

腓腸肌為何緊繃？

－打網球時快速變換方向、跳躍並跑步。

－穿高跟鞋長時間走路。

－墊了太高的鞋墊。

－用慢跑上坡。

－長時間站立工作。

與腓腸肌相關的疼痛部位

　　腓腸肌是小腿後方最大塊的肌肉，負責穩定踝關節與膝關節，是非常重要的肌肉，在日常生活中非常容易疲勞。這條肌肉一旦緊繃、受損，小腿後方就會痙攣、抽筋。尤其常見睡到半夜小腿肚抽筋的問題，主因正是腓腸肌。腓腸肌緊繃也可能出現從小腿到腳踝的疼痛，嚴重的話，更可能導致足弓部位出現劇痛。在需要短時間內大量出力的下半身運動前後，都建議參考下頁的內容放鬆腓腸肌，有助達到放鬆的效果。

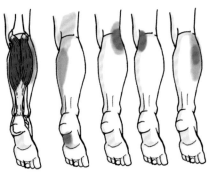

腓腸肌　　　　　　疼痛部位

有效放鬆腓腸肌的方法

（1） 階梯放鬆

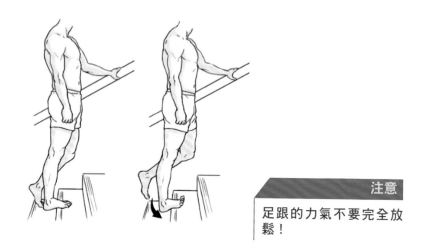

注意

足跟的力氣不要完全放鬆！

1. 單手撐著牆壁或扶著樓梯的欄杆，如圖所示，讓疼痛的那隻腳足弓部位跨在階梯上，前腳掌踩在階梯上。

2. 用 5 秒的時間慢慢的將腳跟往後踩，專注感覺腓腸肌的伸展。

3. 接著換腳再做一次。

4. 重複 3 組。

（2）牆壁放鬆

注意

膝蓋不要彎曲！

1. 站在牆前，雙手扶著牆壁，雙腳前後站開。

2. 足跟貼著地板，上半身向前彎。（骨盆與腰要維持中立不動。）

3. 專注感覺後腳的腓腸肌伸展，維持 15 秒，共做 3 組。

4. 換腳再做一次。

腳踝協調強化運動

這項運動能夠讓腳踝前後的肌肉交替收縮、舒緩，以強化腳踝周圍肌肉的協調性，並刺激腓腸肌盡速恢復原本的功能。

1. 跪在墊子上，右腳往前跨出去，左腳往後跪在地板上，擺出跟照片一樣的弓箭步。
2. 左腳固定不動，右腳前後移動，重複做出弓箭步。
3. 每組 12 次，共做 3 組。

請搭配 177 頁「膕旁肌按摩」、254 頁「膕旁肌伸展」、246 頁「腳踝神經根強化運動」一起進行。

Chapter 5

變得不太能踮腳

比目魚肌
soleus

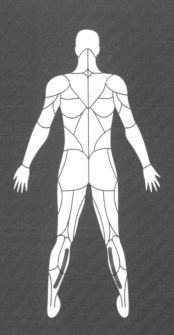

會有這些症狀！

－彎曲腳踝時（腳掌往上勾起），小腿肚疼痛加劇。
－踮腳時小腿肚會痛，嚴重時根本無法踮腳。
－小腿肚變得僵硬，同一邊的腰或臀部也會感到疼痛。

一起了解比目魚肌（soleus）！

尋找比目魚肌

比目魚肌是小腿後方的肌肉，位在前一章介紹的腓腸肌內側。如果說包覆著小腿外側的大塊肌肉是腓腸肌，那麼比目魚肌就是包覆小腿內側的肌肉。這塊肌肉因為形似比目魚，故稱為比目魚肌，也可稱作鰈魚肌。英文名稱（soleus）是從動物的腳底，也有一說是從鰨（solea）衍生而來。前面曾經提過，腓腸肌同時通過膝關節與踝關節，而比目魚肌僅通過踝關節。在腳趾下壓的動作（蹠屈）時，比目魚肌是主要參與運動的肌肉，也會影響抬起足跟、彎曲膝蓋等姿勢。所以站立、走路、跑步、跳躍時，比目魚肌都會與腓腸肌同時出力。

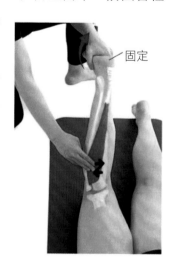

固定

比目魚肌為何緊繃？

－工作的特性導致必須長時間站立工作。

－穿跟太高或鞋墊太高的鞋子長時間活動。

－長時間做需要抬起腳跟的踏步運動。

－從事籃球、網球等，需要跳高的激烈運動。

與比目魚肌有關的疼痛部位

　　比目魚肌緊繃時，疼痛主要會出現在足跟、踝骨附近的阿基里斯腱。就像腓腸肌一樣，比目魚肌也與阿基里斯腱相連，所以才會使阿基里斯腱受到影響。此外，也因為比目魚肌是主管踝關節的肌肉，很可能會因為腳踝疼痛而使腳趾下壓（蹠屈）、腳趾上勾（背屈）等，動作變得困難。腰部與臀部也會發生一些與比目魚肌相關的疼痛。

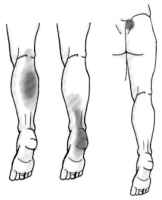

疼痛部位

有效放鬆比目魚肌的方法

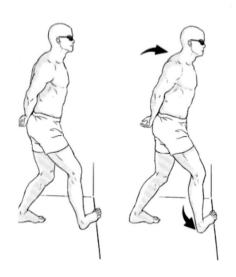

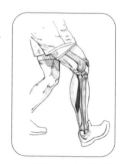

注意

腰不要拱起來！

1. 手背在背後並站在牆前。

2. 疼痛的那隻腳踩出去，如圖所示用腳趾踩著牆壁。

3. 彎曲膝蓋並將膝蓋推出去，用以支撐體重。

4. 專注感覺比目魚肌伸展，維持 15 秒，共做 3 組。

請搭配 177 頁「膕旁肌按摩」、254 頁「膕旁肌伸展」一起進行。

Chapter **6**

走路時腳跟會刺痛

蹠方肌
quadratus plantae

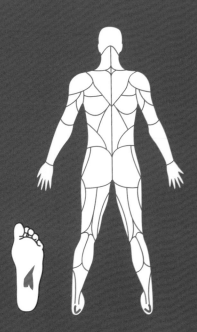

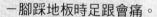

會有這些症狀！

- 腳踩地板時足跟會痛。
- 腳背與腳掌會痛，不太能走路。
- 感覺腳水腫，同時又有點痠麻。
- 不知從何時開始腳趾畸形了。

一起了解蹠方肌（quadratus plantae）！

尋找蹠方肌

蹠方肌是位在腳底的四方形肌肉，也可稱為足底方肌或足方肌。腳底的肌肉共有四層，其中蹠方肌是第二層的肌肉。同屬第二層的肌肉還有足蚓狀肌、屈拇長肌、屈趾長肌。蹠方肌從足跟骨下方開始一直延伸到屈趾長肌，主要的功能在於幫助大腳趾以外的其他腳趾頭彎曲。

蹠方肌為何緊繃？

－在不平坦的地面上跑或跳。

－赤腳走在硬梆梆的地面上。

－穿鞋跟或鞋底墊太高的鞋子。

－長時間穿太小的鞋子。

－從事舞蹈等會對腳造成過度負擔的職業。

與蹠方肌相關的疼痛部位

　　如前所述，蹠方肌是腳底的第二層肌肉。蹠方肌緊繃時，主要疼痛會出現在足跟，不過同屬第二層的足蚓狀肌也經常同時緊繃，故疼痛很容易擴散到腳背與腳底，這會使腳掌浮腫、痠麻，走路變得非常不舒服。這與足底筋膜炎的症狀十分類似，差異在於蹠方肌引發的疼痛不會擴及阿基里斯腱。

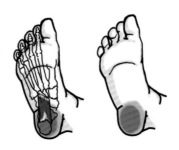

蹠方肌　　　　疼痛部位

有效放鬆蹠方肌的方法

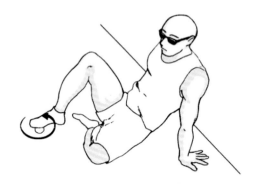

腳掌中央絕對不能放鬆！

1. 背靠著牆壁坐下，用會痛的那隻腳踩住一顆按摩球或網球。

2. 用腳踩著球繞圈，同時另一腳膝蓋往內折以支撐體重。

3. 這時只要放鬆腳掌上半段（腳趾的地方），就能夠減輕疼痛的強度。

4. 每組 15 秒，共做 3 組。

請搭配 177 頁「膕旁肌按摩」、254 頁「膕旁肌伸展」一起進行。

Chapter 7

大腳趾附近的腳底板會痛

屈拇長肌
flexor hallucis longus

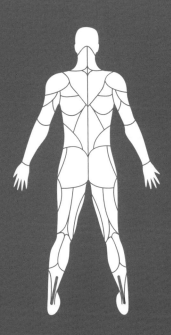

一腳尖與腳趾頭會痛。
　一靠近大腳趾的腳底疼痛。
　一腳掌與小腿都會痛。
　一腳趾變形。

一起了解屈拇長肌（flexor hallucis longus）！

尋找屈拇長肌

　　屈拇長肌是從小腿後方往大腳趾延伸的肌肉。是用於彎曲（flexor）大腳趾（hallucis）時，使用的長條（longus）肌肉，故稱為屈拇長肌。負責大腳趾彎曲、抬足跟壓腳趾（蹠屈）等許多動作。在讓腳掌呈現拱形時，這條肌肉便承擔相當重要的工作。經常用到腳尖的芭蕾、體操，需要腳尖出力的游泳項目等，都會大量用到這條肌肉。

屈拇長肌

屈拇長肌為何緊繃？

－走在不平坦的路上，或長時間走在沙地上。

－走路時腳過度往外翻。

－穿高跟鞋或加了厚鞋墊的鞋子。

－穿鞋底太硬的鞋子。

－從事芭蕾、體操等，經常需要踮腳尖的運動。

與屈拇長肌相關的疼痛部位

　　屈拇長肌是與大腳趾相連的肌肉，故與大腳趾疼痛有很深的關聯。通常緊繃是從事體操、芭蕾、游泳等，運動導致過度使用肌肉所致。過度使用大腳趾會使屈拇長肌緊繃，也會使小腿後側出現疼痛。如果沒能適時放鬆就可能發炎，請參考下頁介紹的動作放鬆肌肉。

疼痛部位

有效放鬆屈拇長肌的方法

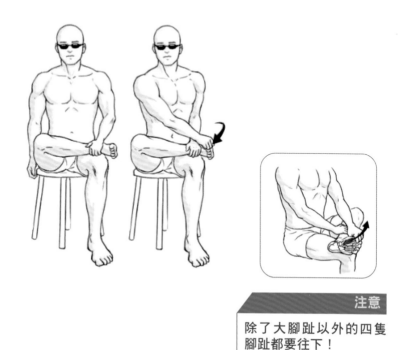

注意

除了大腳趾以外的四隻
腳趾都要往下！

1. 坐在椅子上，疼痛腳抬起來跨在另一腳的膝蓋上。

2. 單手握住腳踝固定，另一隻手抓住大腳趾往斜上方拉。

3. 這時剩餘的四隻腳只要往下。

芭蕾伸展

　　這個動作能夠提升腳掌運動的腳掌內在肌群的柔軟度。腳掌內在肌群柔軟度若變差，腳踝就會過度運動，反應的速度會下降，進而使腳踝容易扭傷。

1. 站在墊子上，腳趾完全伸直，並將足跟抬起。
2. 腳趾往內收，並盡量將足跟抬起。聯想芭蕾舞姿中以腳尖站立的姿勢即可。（腳趾關節必須緊貼著地板。）
3. 每組 12 次，共重複 3 組，然後換腳再做一次。

請搭配 245 頁「腳趾深層肌肉活絡運動」一起進行。

〈附錄〉

一次掌握各部位伸展 & 運動

①頸部

枕下肌

p.15
→

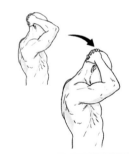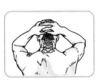

胸鎖乳突肌

p.22
→

頸夾肌

p.27
→

斜角肌

p.31
→

②肩膀

大圓肌
p.39
→

前三角肌
p.45
→

側三角肌
p.46
→

棘上肌
p.51
→

棘上肌

p.52
→

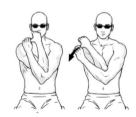

肩胛下肌

p.56
→

斜方肌

p.60
→

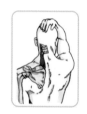

提肩胛肌

p.66
→

提肩胛肌

p.67
→

棘下肌

p.71
→

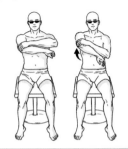

棘下肌

p.72
→

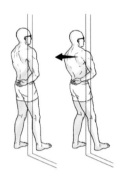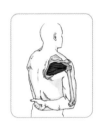

③手臂 & 手肘 & 手腕

肱二頭肌

p.79

→

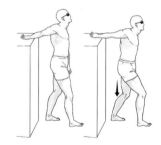

喙肱肌

p.83

→

肱三頭肌

p.88

→

前臂屈肌

p.94

→

前臂屈肌

p.95
→

長肌

p.101
→

前臂伸肌

p.105
→

旋前圓肌

p.111
→

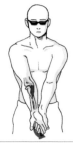

旋後肌

p.115

→

肘肌

p.120

→

④背部 & 胸部

闊背肌
p.129
→

闊背肌
p.130
→

前鋸肌
p.135
→

前鋸肌
p.136
→

菱形肌

p.141

→

菱形肌

p.142

→

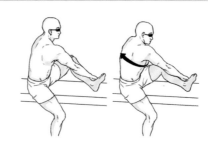

胸大肌

p.146

→

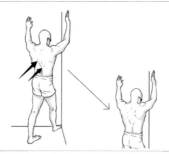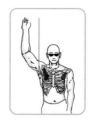

胸小肌

p.152

→

胸小肌

p.153
→

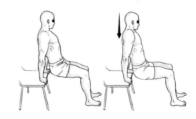

胸骨肌

p.159
→

鎖骨下肌

p.163
→

⑤腰部 & 骨盆

脊柱起立肌

p.169

→

腹直肌

p.175

→

腰方肌

p.181

→

腰方肌

p.182

→

腰方肌

p.183
→

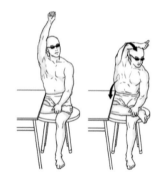

髂腰肌

p.187
→

臀大肌

p.192
→

臀大肌

p.193
→

臀中肌

p.198

→

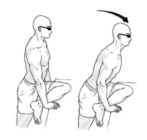

梨狀肌

p.202

→

梨狀肌

p.203

→

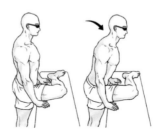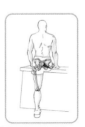

闊筋膜張肌

p.207

→

內收肌
p.212
→

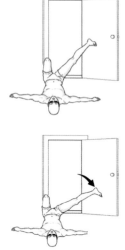

內收肌
p.213
→

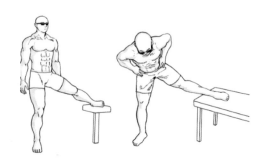

⑥膝蓋 & 大腿

股四頭肌

p.222

→

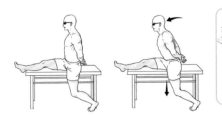

股二頭肌

p.229

→

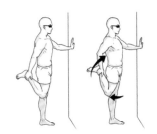

縫匠肌

p.235

→

膕肌

p.239

→

⑦腳踝 & 腳趾

腓骨肌

p.245

→

腓前肌

p.250

→

脛後肌

p.254

→

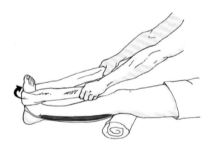

腓腸肌

p.258

 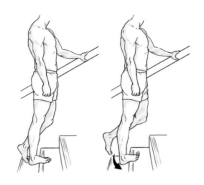

腓腸肌

p.259

 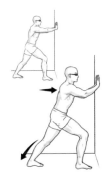 

比目魚肌

p.264

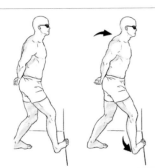 

腰方肌

p.268
→

屈拇長肌

p.272
→

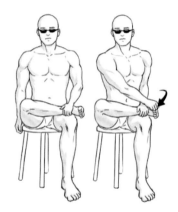 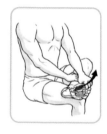

⑧其他運動

頸部
p.16
→

胸鎖乳突肌按摩

頸部
p.17
→

胸肌放鬆

背面　　側面　　背面　　側面

頸部
p.18
→

胸小肌按摩

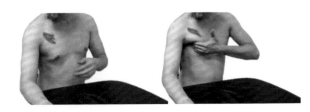

頸部 　上斜方肌伸展

p.23 →

頸部 　腹式呼吸

p.32 →

肩膀、頸部 　旋轉肌活絡運動 A

p.41 →

手腕、手肘　　旋轉肌活絡運動 B

p.122
→

肩膀、胸部　　肩胛面外展聳肩

p.47
→

肩膀　　鐘擺運動

p.40
→

肩膀 30 度外轉聳肩

p.61
→

肩膀 上肢神經根活絡運動

p.62
→

手臂 肱二頭肌按摩

p.84
→

手臂 肱二頭肌放鬆

p.89
→

手腕 正中神經、慢縮肌啟動

p.96
→

手腕 手指伸展運動

p.97
→

手肘 手肘筋膜伸展

p.106
→

手肘 伸肌根神經伸展

p.107
→

手肘 槌子運動

p.116
→

手肘 擰抹布運動

p.121

→

背部 上肢伸展肌運動

p.131

→

背部 長胸神經啟動術

p.137

→

胸部 前鋸肌神經根活絡運動

p.147
→

胸部 肩胛下肌神經根活絡運動

p.148
→

胸部 斜角肌自助按摩

p.154
→

胸部 前鋸肌活絡運動

p.155
→

腰部、骨盆、大腿 腰部骨盆協調運動

p.170
→

腰部、骨盆 骨盆中立認知運動

p.171
→

臀部、大腿 臀肌活絡運動

p.171
→

腹部 **Draw in 收腹運動**

p.176
→

大腿 膕旁肌按摩

p.177
→

大腿 骨盆穩定運動
p.188
→

臀部 腰方肌按摩
p.194
→

大腿 骨盆脊椎穩定與協調運動
p.208
→

大腿
p.214
→

髂腰肌按摩

大腿
p.223
→

Q Setting 運動

大腿
p.224
→

TKC 運動

大腿 彈力帶深蹲

p.225
→

大腿、小腿 小腿按摩

p.230
→

大腿 大腿等長運動

p.231
→

小腿、腳趾

p.245

→ 腳趾深層肌肉活絡運動

小腿、腳踝

p.246

→ 腳踝神經根強化運動

小腿、腳踝

p.246

→ 腳踝動作穩定運動

小腿　膕旁肌伸展

p.254
→

小腿、腳踝　腳踝協調強化運動

p.260
→

腳踝、腳趾　芭蕾伸展

p.273
→

memo

memo

www.booklife.com.tw　　　　　　　　reader@mail.eurasian.com.tw

Happy Body　190

1天5分鐘身材管理——300萬人都說讚的肌群鍛鍊與健康伸展

作　　者／LIFE AID（Jeon Hayun, Lee Heongyu, Hwang Boin）
譯　　者／陳品芳
發 行 人／簡志忠
出 版 者／如何出版社有限公司
地　　址／臺北市南京東路四段50號6樓之1
電　　話／（02）2579-6600・2579-8800・2570-3939
傳　　真／（02）2579-0338・2577-3220・2570-3636
總 編 輯／陳秋月
主　　編／柳怡如
責任編輯／張雅慧
校　　對／張雅慧・柳怡如
美術編輯／李家宜
行銷企畫／陳禹伶・曾宜婷
印務統籌／劉鳳剛・高榮祥
監　　印／高榮祥
排　　版／陳采淇
經 銷 商／叩應股份有限公司
郵撥帳號／18707239
法律顧問／圓神出版事業機構法律顧問　蕭雄淋律師
印　　刷／龍岡數位文化股份有限公司
2021年8月　初版

피지컬갤러리의 하루 5분 내 몸 관리법
BODY MAKE STRETCH
Copyright © 2020 by LIFE AID (Jeon Hayun, Lee Heongyu, Hwang Boin)
All rights reserved.
Complex Chinese copyright © 2021 by Solutions Publishing
Complex Chinese language edition is published
by arrangement with
through 連亞國際文化傳播公司(Linking-Asia International Co., Ltd.)

定價 390 元　　　　ISBN 978-986-136-592-3　　　　版權所有・翻印必究

◎本書如有缺頁、破損、裝訂錯誤，請寄回本公司調換　　　Printed in Taiwan

筋骨關節疾病大多發生在肌肉沒有發揮正常功能，

或是產生不必要的結塊時。

改善肌肉問題的方法非常多，

其中最必要的就是肌肉伸展與放鬆運動了。

本書正是眾人最佳的身材和健康自我管理參考書。

—— 《1天5分鐘身材管理》

◆ **很喜歡這本書，很想要分享**

圓神書活網線上提供團購優惠，

或洽讀者服務部 02-2579-6600。

◆ **美好生活的提案家，期待為您服務**

圓神書活網 www.Booklife.com.tw

非會員歡迎體驗優惠，會員獨享累計福利！

國家圖書館出版品預行編目資料

1天5分鐘身材管理——300萬人都說讚的肌群鍛鍊與健康伸展／
Jeon Hayun, Lee Heongyu, Hwang Boin 作；陳品芳 譯.
-- 初版. -- 臺北市：如何出版社有限公司，2021.08
320面；14.8×20.8公分. --（Happy Body；190）
譯自：피지컬갤러리의 하루 5분 내 몸 관리법（BODY MAKE STRETCH）
ISBN 978-986-136-592-3（平裝）
1.塑身 2.健身操 3.健身運動
425.2   110009791